Contents

Chapter 1　中小企業にとってなぜWixが良いのか？　005

- Wixって何だろう？ 006
- 中小企業とホームページ 010
- 世界で、Wixで、集客成功事例 016
- ウェブ制作の未来 018
- ユーザーに必要とされる情報発信 022

Chapter 2　Wix.comでホームページをつくる　025

- Wixでホームページを作る前に準備するもの 028
- 登録してテンプレートを選ぶ 032
- 参考になるサイトを探す 034
- Wixエディタでサイトを編集 038
- Wixサイトの管理 047
- スマートフォンサイトの編集 050
- 動画背景でユーザーのイメージを掻き立てる 056
- Wixアプリで機能追加 060

Chapter 3　ワンランク上のサイトを目指す　069

- より見やすく、美しくサイトをデザインする 070
- 画像の種類と使い方 074
- Wixプレミアムプランでワンランク上のサイトを目指す 078
- 独自ドメインを利用してブランド価値を高める 082
- カスタムメールアドレスの取得を利用する 086
- ユーザーにストレスなく軽快にサイトを表示する 091

Chapter 4　更新してサイトを育てる　097

- サイト更新のポイント 098
- Wixブログで更新を簡単に 100
- SNSとサイトの連携 104
- 動画コンテンツの活用 108

Chapter 5 ネットショップを運営する　　111

Wixストアでネットショップを作成 112
外部サービスでネット販売を拡大 124

Chapter 6 業種に特化した機能　　129

Wix Bookingで予約機能 130
Wix Menusでメニュー表を作成 134
Wix Musicで音楽販売 136
Wix Hotelsで宿泊の予約受付 140

Chapter 7 ウェブマーケティングを知って更に集客　　145

ウェブマーケティングとは 146
Wixの機能でオウンドメディアマーケティング 150
SNS（ソーシャル・ネットワーキング・サービス）の活用 156
アクセス解析① 162
アクセス解析② 164
ウェブマスターツールとGoogle Analyticsへの登録 170
SEM／SEO　検索エンジンからの集客 178
PPC／アフィリエイトを知ろう 194
マーケティングオートメーションの導入 200

Chapter 8 Wixをもっと活用する　　207

Wix公式ブログを活用しよう 208
Wixのビジネス活用 210
Wixでニュースレターを配信する 216
日本でのサポートや活動 224

Appendix 227
索引 230

Chapter

1

︾

中小企業にとって
なぜWixが良いのか？

Day 1	Wixって何だろう？
Day 2	中小企業とホームページ
Day 3	世界で、Wixで、集客成功事例
Day 4	ウェブ制作の未来
Day 5	ユーザーに必要とされる情報発信

Chapter 1 ● 中小企業にとってなぜWixが良いのか？

Day 1

Wixって何だろう？

✓ ここで学ぶこと

最近日本でも注目を集め始めている無料ホームページ作成ツールWix。世界で最も多くのユーザーに利用され、難しいコーディングなしに初心者でも直感的に簡単にデザインできてしまう世界最高のクラウド型CMSです。

1 Wix.comってどんな会社？

まずはWix.comとはどのような会社なのか、その沿革と会社概要を紹介していきます。

✓ Wix.comの会社概要

設立：2006年　　創設者：アビシャイ・アブラハミ、ナダブ・アブラハミ、ギオラ・キャプラン
本社：テルアビブ（イスラエル）
支店：サンフランシスコ、ニューヨーク、マイアミ、ドニプロペトロフスク、ヴィリニュス、ビィルシェバ
株式公開：ニューヨーク・ナスダック（2013/11）
事業内容：ウェブサイトビルダーの開発・運営サービス、ウェブホスティングサービス
売上高：170億円（2014）［$1=¥120］　総資産：142億円（2014）［$1=¥120］
社員数：1,000人　　利用者数：7,800万人・190カ国（2016/01）

✓ Wix.comの沿革

2006年：テルアビブ（イスラエル）に設立
2007年：Adobe Flashをベースにしたプラットフォームの開発を開始する
2010年：世界中に350万人のユーザーを獲得。世界でも有数のベンチャーキャピタル4社から総額12億円の資金調達を行う
2011年：世界のユーザー数が850万人を超える。ベンチャーファンドより追加の資金調達を行い48億円を調達、総額が73億円となる
2012年：これまでのAdobe Flashのプラットフォームに替わり、新たにHTML5ベースのプラットフォームに移行する。この年12月には日本語版がリリース。年間売上高72億円を達成
2013年：HTML5への移行、モバイル対応。世界ユーザー数3400万人。ニューヨーク・ナスダック市場に上場し市場より152億円を調達、この分野での企業では唯一のIPOとなる
2014年：Wix.com本社より日本担当者5名が初来日、東京と名古屋で日本初のWixセミナーを開催。ソフトバンクC&SがWix.comより日本での国内販売権を取得し販売が開始される。アジアに向けたWix.com普及を目指す一般社団法人日本WIX振興プロジェクトが設立
2015年：2月にMicrosoftと業務提携を発表、クラウドベースのOffice365にWixの導入が決定、世界に向け供給を開始、6月Wix.com2度目の来日、熊本と東京でWix meetupを開催。熊本県を世界初のWixパイロットシティに認定。背景動画が表示可能な新型エディターが登場

2 クラウド型CMS、Wixの特徴

Wixはホームページ作成の技術や知識がなくても自分自身でホームページを作成することができるとてもDIYなツールです。

☑ コーディングなしの直感的操作

ドラッグ&ドロップ

　Wixはドラッグ&ドロップで、簡単にHTML5ベースのウェブサイト及びモバイルサイトを構築できるクラウド型の開発プラットフォームです。

☑ 充実したテンプレート

テンプレート

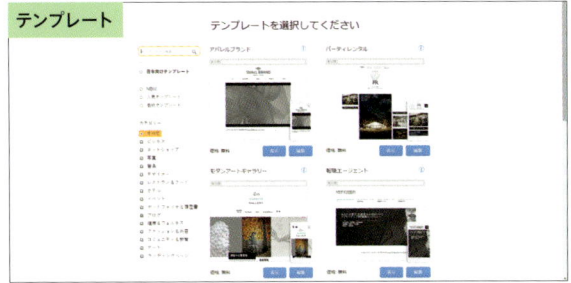

　Wixには数百種類ものデザイン性の高い充実したテンプレートが用意されています。それらを自分でカスタマイズしてプロ並みのおしゃれなホームページが作成できます。もちろん白紙から自分のオリジナルも作成可能。

☑ 組合わせ自由で豊富なアプリ

アプリ

　ソーシャルプラグイン、eコマース、コンタクトフォーム、eメールマーケティング、コミュニティフォーラム等の豊富なアプリも充実。Wix提供の無料版からサードパーティの有料版まで豊富なラインナップが利用可能。

☑ Wixはフリーミアム

プレミアム

　Wixのビジネスモデルはフリーミアムです。ホームページ上のWixの広告表示さえ気にならなければ利用料もサーバー代もすべて無料となります。ただし、広告非表示、独自ドメインの取得、ネットショップ開設等は有料プレミアムのアップグレードで利用可能です。

Wixって何だろう？　　007

✓ Wixの機能一覧

①システム	クラウド型CMS
②ビジネスモデル	フリーミアム（無料・有料プレミアム）
③操作性	画面のホームページを見ながらドラッグ＆ドロップで、直感的に修正・変更・追加・削除等の作業が簡単にできる
④サイトの構造	2階層までページを設置することが可能
⑤テンプレート	業界・業種ジャンル別に数百種類もの豊富で充実したテンプレートからプロのデザイナーのデザインが選べる
⑥モバイル画面対応	スマートフォン用画面に対応
⑦デザイン性	画像や背景動画等のシンプルですっきりした構成の感覚的なサイトレイアウトに強みを発揮する
⑧Wixの広告表示	無料版にはヘッダーとフッターにWixの広告が表示される、有料版プレミアムを利用すれば広告は非表示となる
⑨独自ドメイン	有料プレミアムを利用すれば主要な独自ドメインの取得が可能、外部のドメインサービスを利用すればその他のドメインも利用可能になる
⑩ネットショップ	有料プレミアムにのみカード決済機能が利用可能
⑪アプリ	SNS、eコマース、コンタクトフォームなど多種多様な有料・無料のアプリが豊富に利用可能
⑫SEO	サイト全体と各ページごとの設定が可能
⑬アクセス解析	有料プレミアムでグーグル・アナリティクスを使用したアクセス解析が利用可能
⑭サポート体制	Wixユーザーフォーラムで対応、電話サポート不可

☑ Wixを支えるベンチャーファンド

　創業間もないころからWixの開発と運営は世界的にも実績のある有名なベンチャーキャピタルからの資金調達により支えられてきました。その中でも特に実績のあるベンチャーキャピタル4社を紹介しておきます。

■ マングローブ・キャピタル・パートナーズ

　2000年にルクセンブルグに設立されたヨーロッパでは実績のあるベンチャーキャピタルで、2003年に一番最初にSkypeに投資したことで有名。ヨーロッパを中心に70社以上の投資実績を持つ。

■ ベッセマー・ベンチャー・パートナーズ

　ヘンリー・ピィプスがカーネギー製鉄所の株式売却で得た資金をもとに設立したのが始まり。Wixを始めSkype、Staples、VeriSign、LinkedInなどに投資し100以上の企業をこれまでに上場させている。

■ ベンチマーク・ベンチャー・キャピタル・ファーム

1995年に設立されたシリコンバレーを代表するベンチャーキャピタル。創業以来、Twitter、Uber、Snapchat、Instagram、AOL、Palm、eBayなど250以上のスタートアップに投資をしてきた。特に代表的な事例としては1997年にeBayに8億円投資。

■ インサイト・ベンチャー・パートナーズ

　1995年に設立されたニューヨークを代表するベンチャーキャピタル。これまでにTwitter、Tumblr、Flipboardなど190を超えるベンチャー企業に投資し24社を上場させている。また、これまでの投資総額は9000億円を超え、投資先は世界65カ国にわたる。

Chapter 1 ● 中小企業にとってなぜWixが良いのか？

Day 2

中小企業と
ホームページ

> **✓ ここで学ぶこと**
>
> 近年の中小企業を取巻く環境は、日々厳しさを増している現状があります。その厳しい環境を生き抜き他社との差別化を図るためのヒントとアイデアを、Wixの利活用を通じて紹介していきます。

1 中小企業・小規模事業者の劇的な減少

まず日本の中小企業が現在どのような状況にあるのか、以下のデータから確認してみたいと思います。

✓ 減り続ける中小企業

1999年と2009年の中小規模の事業所数の推移を表したデータですが、厳しいデフレ経済の中で、この10年の間に約64万社（13%）もの中小企業が消滅したことを示しています。

■ 中小企業庁資料（企業全体に占める割合）

	1999年	2009年	減少数（率）
中小企業・小規模事業者	484万社（99.7%）	420万社（99.7%）	▲64万社（▲13%）
うち小規模事業者	423万社（87.0%）	367万社（87.0%）	▲56万社（▲13%）

✓ 加速する中小企業の減少率

2009年と2012年の比較でリーマンショックの影響はあるものの、わずか3年で35万社（8.3%）もの減少が見られ、その減少率が劇的に加速しています。以上のように中小企業は今後益々生き残りをかけた業績の効率、生産性向上のための努力を求められます。

■ 中小企業庁資料（企業全体に占める割合）

	1999年	2009年	減少数（率）
中小企業・小規模事業者	420万社（99.7%）	385万社（99.7%）	▲35万社（▲8.3%）
うち小規模事業者	367万社（87.0%）	334万社（86.5%）	▲33万社（▲9.0%）

2 ウェブサイト保有率と企業の生産性

次に各地域ごとの中小企業のウェブサイト保有率の状況とその売り上げにおける生産性との間にどんな関係があるかを見てみましょう。

✓ 都道府県別保有率と売上平均

自社のウェブサイトを保有している企業の割合が高い県ほど、その県の企業の一人あたり売上が高い傾向があり、平均してまだ半数以上の企業がウェブサイトを保有していません。地域の中小企業の成長と地域経済の活性化にはインターネットの活用が益々欠かせないものとなっています。

※野村総合研究所
(http://www.internet-keizai.jp/pdf/Economic_impact_of_the_Internet_jp.pdf)

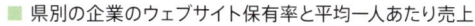
■ 県別の企業のウェブサイト保有率と平均一人あたり売上

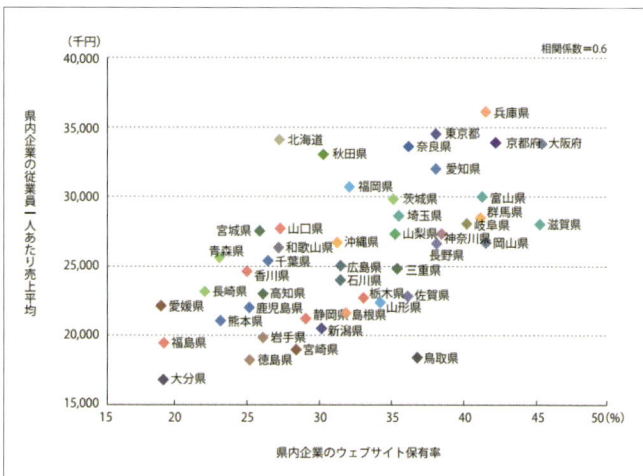

✓ ウェブサイト保有の有無と売上高の関係

売上高を基準にした比較でみると、ウェブサイトを保有している企業は保有していない企業と比べて約30％ほど売上が高いという結果になっています。このようにインターネット活用の差が、企業間の生産性の差となって現れています。

※野村総合研究所
(http://www.internet-keizai.jp/pdf/Economic_impact_of_the_Internet_jp.pdf)

■ 企業のウェブサイト保有の有無と一人あたり売上高の関係

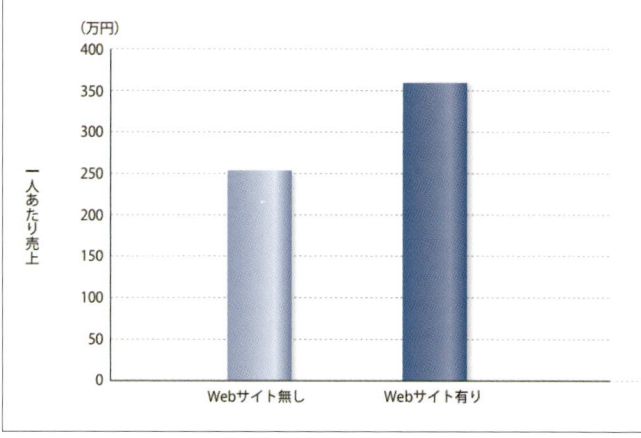

中小企業とホームページ 011

3 ウェブマーケティングの取組状況

最後に国内の中小企業はウェブマーケティングに対して現在どのように取り組んでいるのか、アンケート調査をもとにグラフで見てみます。

✓ 1社あたりのウェブ担当者数

　右の図は中小企業のウェブ担当者の人数を示したグラフです。全体の約半数の企業が1人だけで担当しており、人と予算の制約がある中でのサイト運営であることがうかがえます。

※Webマーケティングメディア「ferret」
（https://ferret-plus.com/1632）

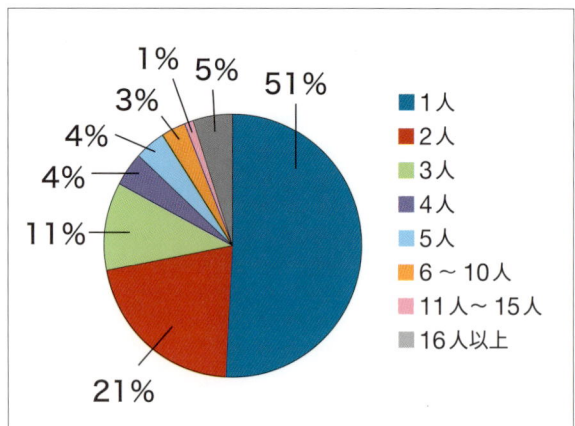

■ 中小企業のウェブマーケティング実施状況に関する調査結果
〜1社あたりのウェブ担当者数

✓ 1社あたりの月額広告予算

　右の図は中小企業の月額広告予算を金額別に示したグラフです。4割の企業が5万円未満の低予算で運営しているというのが現状です。

※Webマーケティングメディア「ferret」
（https://ferret-plus.com/1632）

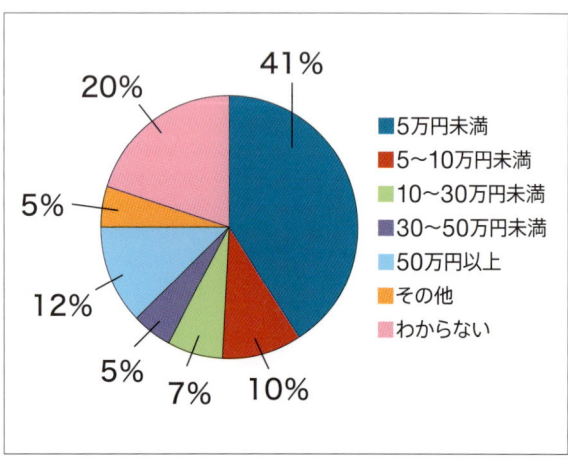

■ 中小企業のウェブマーケティング実施状況に関する調査結果
〜1社あたりの月額広告予算の割合

✓ 取り組んでいる集客施策

　下の図からもわかるように、集客施策ではSEO対策が圧倒的で次いでSNSとなっていますが、極力低予算での集客効果を期待する中小企業の意図が反映された結果となっているようです。

■ 中小企業のウェブマーケティング実施状況に関する調査結果〜取り組んでいる集客施策

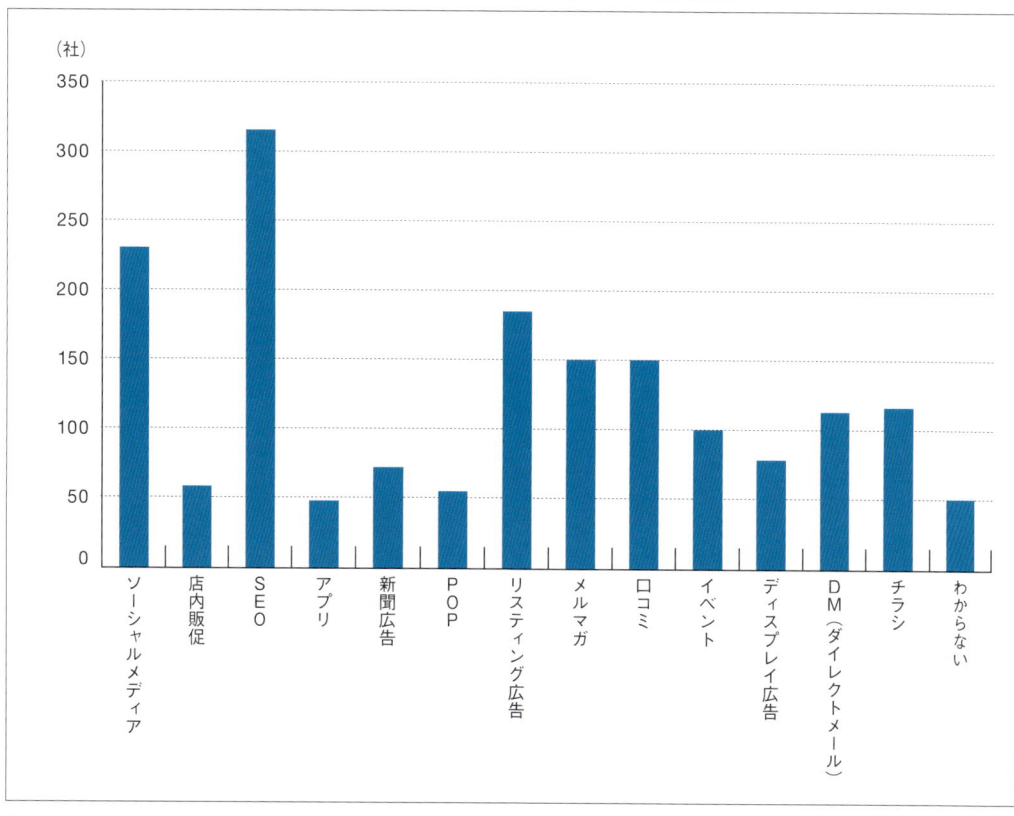

※Webマーケティングメディア「ferret」(https://ferret-plus.com/1632)

4 なぜ中小企業にホームページが必要なのか？

この章のまとめとして、中小企業にとって大変厳しい経済環境の中で、どのように自らを差別化し生き残っていくのか、ホームページの必要性を通して考えてみます。

☑ ホームページが絶対に必要な理由

1 顧客は必ず最初にホームページを確認する

　顧客はまず最初に検討している企業名や店舗名を必ず検索し、なおかつ他社や他店と比較をして取引や購入を決めています。他社と比較されたときにホームページがなければ、そこで勝負は決まってしまいます。つまりホームページとはお店でいえば「看板」であり、企業でいえば「名刺」なのです。

2 ポータルサイトへの掲載だけで安心しない

　「大手のポータルサイトに掲載しているから安心。」という方も少なくありませんが、消費者はそうしたポータルでの検索と併せて、各社固有のホームページも見ています。せっかくお金をかけて掲載していても、固有のホームページが無いというだけで消費者から選ばれない可能性があります。また、ポータルサイトへの有料掲載だけに頼ったマーケティングでは広告費のコスト削減もままなりません。

3 市場を拡げる

　中小企業のホームページ保有率は全国的な平均値は未だに25％～30％ほどでしかありません。なければ大きなハンデでありリスクになりますが、あれば逆にメリットであり他社との差別化になります。従来の範囲の狭い市場だけに依存して苦戦していた企業やお店がホームページを開設して積極的に活用することで全国、更には海外からの受注が入るようになり商圏が広がり売上も拡大したという事例は数多くあります。

4 単なる「会社案内」ではなくマーケティングの「武器」になる

　かつてのホームページは単なる「会社案内」のような更新頻度の少ない「静的」な使い方しかできませんでしたが、今はマーケティングツールとして消費者に積極的に情報を発信し、もっとインタラクティブ（双方向的）に消費者とコミュニケーションをする「動的」な使い方で、顧客の信頼を得ることが可能です。

5 中小企業はどのようにホームページを運用すればいいのか？

この本を手にしている方は少なくとも前項のホームページの必要性は理解されているものだと思いますが、それをどのように活用していくべきかをまとめてみます。

1　自社にホームページ制作ができる担当者を設ける

　Wixのようなツールのおかげで、ホームページ運営はエクセルやワードの様に自力が当たり前になっていきます。欧米で進むウェブ制作を自社で行うインハウス化を追随し、これまで外注していたものが自社での運営に変わっていきます。このことで「企業の生の声を発信」、「フレキシブルな情報発信」、「コスト削減」が実現され、利益に直結していきます。

2　コンテンツを積み増していく

　複雑なアルゴリズムを組み合わせたGoogleなどの検索エンジンは人間の目に近い状態になっています。つまり人間にとって本当に有益な情報を載せたサイトが評価をされます。長期的な戦略としてウサギとカメならカメ型で、サイト内ブログなどを活用しコツコツと顧客にとって有益なコンテンツを積み増します。Wixブログを活用すれば更新も簡単ですし、検索エンジンからの評価は上がり、アクセスが増え、売り上げにつながっていきます。

3　動画を積極的に活用する

　スマートフォンさえあれば撮影から編集、動画のアップロードまで簡単に行えますが、依然として動画を活用できている企業は多くはありません。従来のテキストと静止画を中心にした「読ませる」ホームページから、動画で「魅せる」ページへと積極的にシフトしましょう。Wixなら動画背景で直観的に、YouTubeの動画埋込みも簡単です。

4　Wixを導入する

　ウェブ制作におけるテクノロジーは「高度な技術を必要」としていたシーンから、「難しいを簡単にする」テクノロジーへと進化しています。Wixを使えれば、ホームページとしての機能だけでなく、オンラインの社内報や営業ツールとしての活用も可能です。本書ではWixの利活用を余すことなくご紹介しています。Wixをまだ使ったことがない方も是非チャレンジしてください。

Chapter 1　● 中小企業にとってなぜWixが良いのか？

Day **3**

世界で、Wixで、集客成功事例

> ✓ **ここで学ぶこと**
>
> 世界中のビジネスでWixは活躍しています。そのビジネスシーンを、Wix.comのホームページ「Wixストーリー」の中で紹介しています。世界中の様々なWix成功体験を参考にして、ぜひご自身のビジネスに活用ください。

| **1** | 「Wixストーリー」で成功を学ぶ | Wixを利用して、早く、きれいに、簡単に、しかも無料でホームページ制作ができるようになったことで、様々な【Wix成功物語】が世界中で生まれています。 |

☑ 「Wixストーリー」を探す！

　Wixオフィシャルサイトのコミュニティから「Wixストーリー」の項目でご覧いただけます。世界中のWixで情報発信を行うユーザーのリアルな声をお聞きください。

 アトランタの散髪屋（米国）

http://www.wix.com/stories/videos/mary-todd-hair-co/

「失敗を恐れないことだ、きっとどこかで勝利はつかめるから。」
　メアリー・トッド・ヘアーのオーナー、スティーブとショーンに会いにアトランタまでやって来た。何てイカした散髪屋なんだ。彼らは、何とその見た目の雰囲気そのままのカッコよさを自分たちのウェブサイトで完璧に再現してみせた。しかも、そのサイトでは、店の予約もできてオンラインでヘアケア用品まで買えてしまう。恐るべし、アトランタの散髪屋 powered by Wix !!

 リオのケーキ屋（ブラジル）

http://www.wix.com/stories/food-drink/pecaditos-gourmet-sweets/

「私のウェブサイトはまさにリアルなお店そのもの。なぜって、私の作ったケーキの美味しさをリアルに伝える必要があるからよ！」ジュリアナはリオデジャネイロにお店を持つ、根っからのケーキ職人。最初はちょっとした趣味でケーキ作りを始めたそうだけど、ちまたでその美味しいケーキのウワサがウワサを呼び、あっと言う間に注文が殺到したとのこと。「私のこの小さな自宅ビジネスを、これまでずっと続けてこれたのもWixのお陰、とても感謝してるわ！」

シカゴの女性写真家（米国）

http://www.wix.com/stories/photography/jessica-ekern-photographer/

「Wixで顧客を獲得できるっていいわね。興味のある顧客は、私のウェブサイトをしっかりチェックしてくれているわ。」女性写真家としてシカゴで活躍するジェシカは、自然の光だけで子供や赤ちゃん、新生児そして家族の写真を専門に撮るスペシャリストだ。

写真展オープニングの何日か前の夜、彼女はウェブを検索しながら、他の写真家のウェブサイトをいろいろと見ていたときに、たまたま気に入ったサイトを見つけたそうだ。「そのサイトがWixで作られていたの。あまりにステキだったので私も自分のサイトを作ろうと決めたの。」

 ### ニューヨークのDJ（米国）

http://www.wix.com/stories/music/quiana-parks/

「Wixはとっても自由自在 ─ 私が変わったように、私のウェブサイトも私と一緒に変わったわ。」キアナはニューヨークで活躍するDJ兼グラフィックデザイナーだ。実は彼女には驚くべき、信じ難い過去がある。癌を克服して生還したという事実だ。自分の体を侵した癌、リンパ腫のことをもっと世の中の人々に知ってもらおうと、癌撲滅のためのキャンペーンを開始したのだった。「私がWixで作ったサイトのお陰で、私の強い思いと意志を多くの人に伝えることができたし、チャリティのための寄付を募ることもできたわ。人生で最高の経験だった。」

 ### ジョージアのバイオリン弾き（米国）

http://www.wix.com/stories/music/ken-ford/

アトランタでプレイするケン・フォードは実に多才な男である。彼の演奏は、パワフルにして繊細、黒人ミュージシャン特有のソウルフルなパフォーマンスはファンを虜にして離さない。

今や彼は「ストリングスのキング」と呼ばれるようになったが、その影にWixの存在があったことは誰も知らない。彼がまだ名も無いころ、もちろんディオンヌ・ワーウィックのショーや大統領夫人のミシェル・オバマのスペシャルゲストとして演奏などしていなかったころのことだが、「自分でWixサイトをカスタマイズして自分の曲のショーケースを作ったんだ。その作品をオンラインで販売しているときに、僕は見つけてもらい、認めてもらったんだ。Wixが僕をデビューさせてくれた。」

 ### 東京の作家兼 イラストレーター（日本）

http://www.wix.com/stories/art/yuuri-mikami/

「私の作品を世の中の人たちに見てもらえる可能性を拡げてくれたWix。そんなWixが大好きです！」三上悠里は東京で働く作家兼グラフィックデザイナーだ。Wixのお陰で本当に楽に、簡単に自分のウェブサイトを制作できることが何よりもありがたいと彼女は言う。また、ウェブページをカスタマイズしたり、作品をより詳細に表現するためのフレキシブルな操作性が、特に彼女のお気に入りでもある。

「私のウェブサイトを通じて、多くの方が私の作品により深い興味と理解を持っていただけるようになりました。お陰さまで、仕事の問合わせが日に日に増えてきています。」

 ### 東京のビューティセラピスト（日本）

http://www.wix.com/stories/videos/maki-fujita/

「制作日数はわずか2日だけ、まさに自分のやりたいように、自分のスタイルで、思ったとおりのウェブサイトに仕上げました。」

藤田麻希は東京のビューティサロン「サロン・ディ・ロサ」のオーナー経営者だ。女性たちのための、心身共にくつろげる環境、女性の美しさを引き出すための場所として2013年東京にオープンした。彼女は前職の看護師としての経験と知識を活かして、単にメイクアップだけで綺麗になるのではなく、女性の身体の年齢的な周期やホルモンバランスに注目した処置を施すことで女性の美を追求していくことを彼女自身の使命としている。「いつでも簡単にコンテンツをアップデートできるウェブサイトを自分で作りたかった。お陰さまで、お客様とは益々強い信頼関係を構築することができています。」

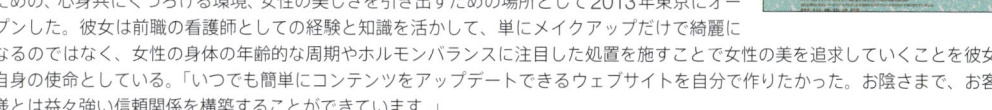

Chapter 1 ● 中小企業にとってなぜWixが良いのか？

Day **4**

ウェブ制作の未来

> ✓ **ここで学ぶこと**
>
> ウェブ制作における世の中の環境変化は、日々目まぐるしいスピードで変化しています。テクノロジーの進歩により、クライアントのニーズとウェブデザイン業界の業態や環境にどの様な変化が予想されるのかを考えます。

1 ウェブ制作会社は二極化が進行中

ウェブ制作の現場では、進化するCMSの影響や業界内での価格競争など二極化が進みつつあります。ウェブ制作の作業自体の価値が問われ始めています。

✓ 強みのない制作会社は淘汰される

ここ最近の数年間で、ウェブ制作単価の下落が急速に進行しています。業界内での価格競争やCMS（コンテンツマネジメントシステム）の進化・普及により、これからさらに制作単価は下落していくことが予想されます。単にホームページを作るという作業自体の価値が低下しつつあり、それだけの業務を行う制作会社は時代の流れとともに自然淘汰されていく運命にあります。

自社独自の「強み」や「売り」、USP（Unique Selling Proposition／差別特性）を持たない単なる制作会社は徐々に消滅していくでしょうし、制作自体でいえば、時間と場所に囚われない新しい働き方、クラウドソーシングサービスの「個人」が主体になっていきます。今後更にこの業界ではWeb制作会社の二極分化が進んでいくことになります。

- 安い価格で、品質はまあまあ・そこそこ、時間外でも親切丁寧に対応可能な会社
- マーケティング提案、ブランド構築、情報設計等の得意分野をしっかり持っている会社

要するに、「マーケティング提案ができて、ブランド価値を向上させ、クライアントの業績向上に貢献し、更には新しい分野やトレンドにも積極的に対応して自らの企業価値を高めていく会社」がこれからこの業界で生き残っていく条件となっていきそうです。もしくは価格競争にさらされるリスクはあるものの、「気軽でお手軽な会社」として何とか生き残っていくかの「二社択一」の時代に向かいつつあります。

以下にそのUSP（差別特性）の詳細な分類を挙げてみることにします。以上7つのジャンルが、今後の生き残りをかけた方向性のヒントになると思われます。

- デザインセンスを極める【アートディレクター系】
- 顧客の集客と収益アップをサポートする【マーケティング系】
- サイトの企画制作・運営・コンテンツ制作をサポートする【コンテンツマネジメント系】
- 新しい技術や超高度技術のシステム設計や企画運営をサポートする【テクノロジー系】
- ウェブ全般に関する知識・情報・スキルを提供するセミナー運営【教育普及系】
- 新しいビジネスモデル（メディア化・JV化）を創造し業態転換する【トランスフォーマー系】
- 激安・迅速・並品質・時間外対応の「やすい はやい うまい　開いててよかった」を貫く【ファストフード・コンビニ系】

2　アメリカの現状は未来の日本の現状

アメリカで起きている現実は、今までも多くのことがそうであった様に、いずれ日本にも起こり得る現実です。アメリカのウェブ制作の今を見てみましょう。

☑ アメリカはウェブ制作会社が存在できない!?

　現在のアメリカではいわゆる「ホームページ制作」だけでは会社組織としては存続不可能な状況です。10年ほど前までは日本同様にウェブ制作だけでも事業として成り立っていましたが、企業体としてウェブ制作だけを行っている組織はゼロに近いと言われています。

■ ほとんどの企業が社内にウェブ制作の機能を持っている

　アメリカでのICTに対する重要性は日本よりも高く、ほとんどの企業が社内にウェブ制作の機能を持っています。そのためウェブ制作に関する仕事を外注する必要性がないという状況です。

■ ウェブ制作価格の低下

　アメリカの場合、東南アジア・南米など人件費の安い英語圏の国に発注する機会が増えています。クラウドソーシングを利用してサイト制作を依頼し、テレビ会議などを利用して遠隔でコミュニケーションを行って制作します。こうした現状がアメリカ国内でのコスト押し下げています。

■ フリーランサーの台頭

　アメリカにおけるフリーランスの存在は日本のそれとはまったく異なります。実力主義のアメリカでは、特にデザイン業については企業が個人に対して仕事を依頼することが一般的です。コスト面から法人より個人への依頼が安上がりなので、フリーランサーの存在がウェブ制作会社が存続できない理由となっています。

■ 人材に頼ったデザイン業のしがらみ

　デザイン会社はヒューマンスキルに依存せざるをえず、デザイン会社間での引き抜きだけでなく、インハウス化した一般企業からの引き抜きなどで企業として存続がままならないこともしばしば。

■ デザインスタジオの買収

　デザインの重要性に回帰したFacebook、Google、Adobe、Square、AccentureなどのIT企業によるデザインスタジオの買収が行われています。ウェブデザイン会社として起業して、優秀であればあるほどその対象となるため存続しずらくなるわけです。

3 フリーエージェント社会の到来

時間と場所に囚われない新しい働き方「フリーエージェント」、インターネットの普及と進化が、あらゆる「個人」に対し、それを可能にしていきます。

✓ 自由な時間と環境で仕事をする時代

　ダニエル・ピンクの著書「フリーエージェント社会の到来」（～「雇われない生き方」は何を変えるか ～）が米国で出版されてすでに15年が経ちますが、驚くことに出版された当時（2000年）にはすでに米国の労働人口の約25％、4人に1人が組織に雇われない働き方「フリーエージェント」を選択していたという事実に本当に驚かされます。おそらく今ではもうすでに、3人に1人くらいまでになっているのではないでしょうか。

　総務省統計局が実施している「労働力調査」によると、2012年日本の就業者数は6,270万人、その内自営業主・家族従業者数は739万人で、比率にして約

12％、8人に1人がフリーエージェントということになります。おそらくインターネットの発達というキーワードを考えると、今後日本でもフリーエージェントの数が増えてくる可能性は十分あり得ます。また、フリーエージェントではなくても、最近日本政府も企業に対し積極的に奨励している、社員が定期的にテレワークや在宅ワークを導入するという労働形態も徐々に浸透してくるのではないでしょうか。

　日本企業の終身雇用はすでに崩壊しています。米国が経験した社会背景を20～30年遅れて日本がそのあとを追っていきます。企業に対して強い忠誠心が持てなくなり始めている今、企業の寿命がどんどん短くなりつつある今こそ、フリーエージェントという働き方を考えてみることが必要な時期かもしれません。

　今後ウェブ制作のような仕事は、WixのようなクラウドベースのCMSの技術が進歩することで在宅ワークが可能になっていくことが期待されます。

　最後に、いかにCMSが進化し簡単にウェブサイト制作ができるようになったとしても、少なくとも以下の4つの制作依頼ニーズというのは必ず存在します。

- やはりどうしても能力的に無理、作れない
- 時間的余裕が無い、時間的コストが合わない
- デザインや文章表現のセンスがない
- 単に面倒くさい、コスト的に割安感があれば問題ない

　また、WixのようなCMSのスキルがあることで以下の4つの労働形態も選択肢として考えられます。

- フリーエージェント
- ウェブ制作会社
- 企業内雇用によるインハウスデザイナー（派遣社員としても可）
- CMSのスキルを教えるトレーナー及びセミナー講師

　ぜひ自分に合った、最適なワークスタイルがみつかることを期待しています。

Chapter 1 ● 中小企業にとってなぜWixが良いのか？

Day 5

ユーザーに必要とされる情報発信

✓ ここで学ぶこと

最近「物が売れない」、「掲載した広告に反応がない」という声をよく耳にします。日本経済の成熟化、少子高齢化などの社会的な環境変化にこれからどの様に中小企業は対応していかなければならないのかを考えてみます。

1 ホームページを最強の営業マンにする

従来の広告手法などではなかなか効果が得にくい時代です。ここでは企業と消費者との新しい繋がり方と関係作りを考えてみたいと思います。

✓ 古くて新しいコンテンツマーケティング

　最近日本でもウェブマーケティングのひとつの手法として、コンテンツマーケティングが注目され始めています。コンテンツとは、文字、言葉、文章、音楽、写真、映像などの多種多様の有益な情報を総称した用語です。世界の購買環境の変化の中で、近年特に取り上げられることが多くなりましたが、実はすでに100年以上も前から存在する手法のひとつでもありました。有名な実例としては、1900年にフランスのタイヤメーカーミシュランが作成したあの「ミシュランガイド」です。当時普及し始めた自動車での旅行を促進するために地図やレストラン、車の整備など顧客のための快適で有益な情報を本（コンテンツ）にして無料で提供したのでした。
　顧客に対して直接的に自社の商品を売り込むための広告だけで訴求するのではなくて、顧客に有益な情報コンテンツを提供することで間接的に自社商品に対するブランドロイヤリティの向上をアピールし、顧客との信頼関係を構築し継続的な繋がりと絆を深めていきます。

✓ 売り込めば客は必ず逃げる！

　1990年代のバブル崩壊以降先頃のリーマンショックまで約20年にわたり厳しいデフレと不況で日本の高成長期は終わりマイナス成長と低成長期を繰り返してきました。物が溢れ先行きが不透明になると、消費者は当然のごとく消費に慎重になります。特にインターネットが普及した現在では、消費者は必ず購買の前

に「ネットで検索」を実行し必要な情報、あるいは友人やネット上の口コミ情報を得た上で購買の意思決定を下します。それは現代の購買活動において最も重要な購買プロセスの一環になってきています。それゆえ、必要のないもの、興味のないもの、情報のないものに関して販売側（供給）がいきなりTPO（時と場所と空気）を読まずに販売をかけても、当然消費者は逃げていくだけです。

☑ 押してもだめなら引いてみる！

　これまでの広告や営業に見られるような、企業が一方的に発信するメッセージやセールストークはすでに無視され始めています。この様な従来型の供給サイド思考のマーケティングを製造業的見地から「プロダクト・アウト」、また販売業的見地から「Push（プッシュ）型」と言います。それに対して、これから必要なアプローチは従来のような「企業が発信したいメッセージ」を発信し続けるのではなく、何よりも「顧客が必要とする情報」を提供し続けること、企業側からの上から目線ではなく、あくまでも需要サイドからのユーザー目線が求められているのです。この様なマーケティングを「マーケット・イン」、または「Pull（プル）型」のマーケティングと呼ばれます。

☑ 中長期的なコンテンツマーケティングを目指す

　今後の中小企業の目指すべき方向性として、費用対効果であるCPA（顧客獲得単価）も割高で曖昧なマス媒体の広告に依存するより、自社のホームページを中心としたコンテンツ重視の戦略へとシフトしていくことです。これまでの自社のホームページの使い方を単なる会社案内や商品案内の様なカタログ的なものや看板的なものからの脱却し、自社のメディア（ウェブサイト）を使って企業自身が情報発信をする放送局のようなメディア化することです。様々なリサーチやデータにより、何が顧客にとってより適切で有益なコンテンツかを把握し、それを適切なターゲット層に効果的かつ効率的な方法で提供していくこと。また顧客の問題や悩みに対しての解決策を提示したり、コンテンツにより顧客に対して新たな興味や気づきなどを与え、その企業の商品やサービスへの必要性やロイヤリティを認知してもらうことがコンテンツマーケティングの最大の目的です。中長期的にわたり継続的に行われなければ効果的な成果は得られません。

　コンテンツマーケティングで企業が得られる7つのメリットを次ページにて紹介しておきます。

- 自社のウェブサイトを使うことで広告宣伝費を抑えられる
- ユーザーの囲い込みが容易になる
- ターゲットが絞り込みやすくなる
- 購買行動の促進につながる
- ブランド力と顧客ロイヤリティの強化につながる
- 質の高いコンテンツが増えることで自動的にSEO対策になる
- 顧客の反応が分析・検証しやすくなる

「優れたマーケティングはセールスを不要にする」（ドラッガーの名言）

Chapter

2

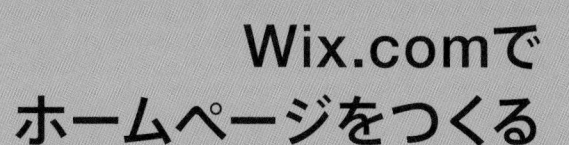

Wix.comで
ホームページをつくる

Day 1	Wixでホームページを作る前に準備するもの
Day 2	登録してテンプレートを選ぶ
Day 3	参考になるサイトを探す
Day 4	Wixエディタでサイトを編集
Day 5	スマートフォンサイトの編集
Day 6	動画背景でユーザーのイメージを掻き立てる
Day 7	Wixアプリで機能追加

Chapter 2 ● Wix.comでホームページをつくる

Day *1*

Wixで
ホームページを作る
前に準備するもの

✓ ここで学ぶこと

Wixは専用ソフトの購入は必要なく、インターネット上でホームページの制作から公開までを完結できるツールです。利用にあたり最低限必要なものを見ていきます。

1 編集のためのPC

まずは、Wixの利用に必要なパソコンの準備が必要です。古い端末では正常に動作しない可能性があるので注意が必要です。

✓ オペレーティングシステム

オペレーティングシステム（以下、OS）はウィンドウズ、Mac OS共に、利用が可能です。パソコンの推奨環境はWix側で定めていません。Wixが推奨しているブラウザが正常に動作するかが重要です。

✓ OSの確認

まずは、利用しているパソコンのOSを確認しましょう。メーカーからのサポートが終了していない新しいバージョンの利用を推奨します。

2 ネット環境の準備

Wixはインターネット上で動作するシステムですので、利用しているパソコンへのインターネット接続が必須です。

☑ インターネット回線

一般的にインターネットの接続に利用されているLAN回線に接続し、Wixを利用します。光回線の利用が最も一般的ですがADSL回線や公衆無線LANでもWixでのサイト作成・編集は可能です。

☑ 利用場所について

Wi-Fiルーターやスマートフォンのテザリング機能を利用することで、インターネットに接続さえできれば、外出先でもWixでサイトの作成・編集が可能です。

3 | ブラウザの準備

ブラウザとは、インターネットエクスプローラーに代表される、ホームページなどを閲覧するために必要なソフトのことを指します。

 Wixが推奨しているブラウザ

Internet Explorer（バージョン9以上）、Firefox、Chrome、Safariを推奨します。Wixは新しい技術により動作しているので、最新バージョンのブラウザを推奨します。

※2015年11月現在、edgeでは動作しないことを確認しています。

 スマートフォンとタブレット

スマートフォンや一部のタブレット端末では、Wixを利用してのサイト作成・編集は不可能です。モバイル端末は基本的にサイトの閲覧専用と考えて下さい。

編集 不可

編集 一部可

編集 可

> **! Point!**
>
> **タブレットでのWixサイト編集**
>
> ウィンドウズを搭載している一部のタブレット端末ではサイト作成・編集が可能なものもあります。代表的なものでAppleのiPadでは不可、MicrosoftのSurfaceでは可の確認ができています。

4 サイトの設計図をつくろう

ホームページを運用するうえで最も大事な要素です。サイトのコンテンツ（内容）、ページの構成を書き出したツリー図などサイトの設計図を用意します。

☑ コンテンツの洗い出し

サイトに掲示したいコンテンツを洗い出します。慣れないうちは同業種の他社サイトを参考にどんなコンテンツが必要かを検討しましょう。また、一方的な情報発信ではなく、ユーザー目線で「どんなコンテンツがあったら良いか？」も考えてみましょう。

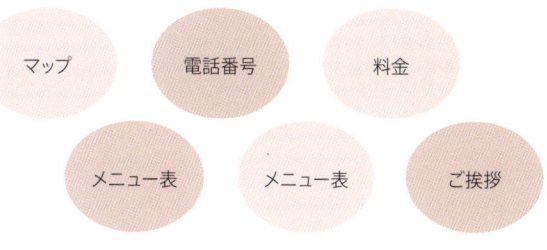

掲示したいコンテンツを考える

☑ ツリー図の作成

洗い出したコンテンツをページにまとめて整理していきます。Wixは基本2階層までの構造になっています。1ページのボリュームがあまり長くなりすぎないことや、ページの順番などに注意して構成します。

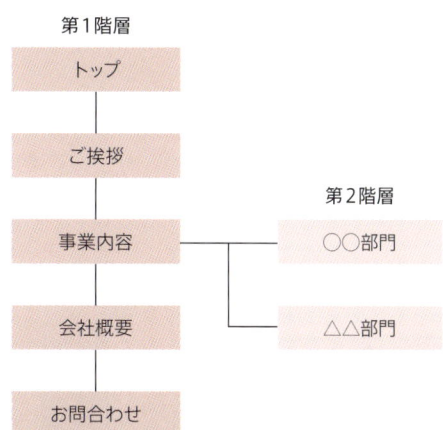

☑ テキストと画像の準備

コンテンツごとのテキストデータと、写真などの画像データを用意します。Wixでサイトを制作する場合はテンプレートを選択して全体をデザインをしますので、イラストやアイコンなどはこの段階ではあまりつくりこみすぎない方が良いでしょう。

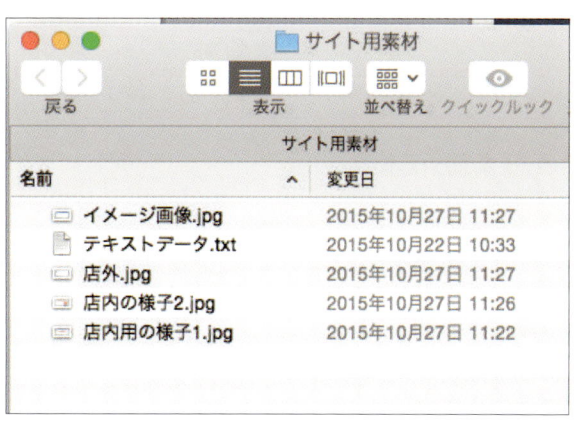

Wixでホームページを作る前に準備するもの　029

Chapter 2 ● Wix.comでホームページをつくる

Day **2**

登録して
テンプレートを
選ぶ

✓ ここで学ぶこと

Wixの新規登録をおこない、70以上のカテゴリーより数百種類のテンプレートの中から好きなものを選び制作を始めましょう。どのテンプレートを選んでも、後で好きなようにカスタマイズできます。

1　新規登録

新規登録を行い、テンプレートを選びます。

Step 01　アカウントを新規登録

「ログイン／新規登録」をクリックして新規登録をしましょう。メールアドレスとパスワードを設定して「新規登録」にチェックを入れます（ログインもこちらからおこないます）。http://ja.wix.com/new/account

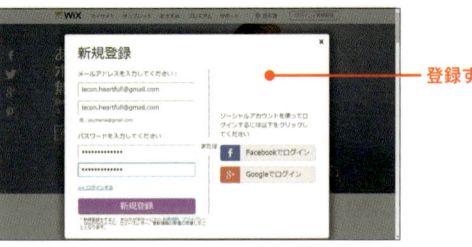

Step 02　業種や形態を選択

初めてログインしたときに表示される画面です。これから制作をおこなうカテゴリーを絞り込むことで、業種にあったテンプレートの絞り込みを行うことができます。

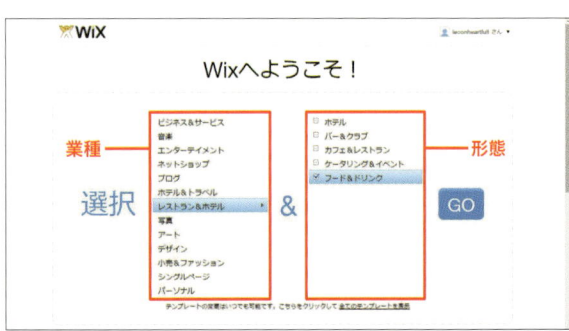

Step
03 テンプレートを選択

絞り込まれたテンプレートから好みのものを選択し表示をクリックしてトップページ以外も確認してみましょう。また、全カテゴリーからも選択可能で、日本語、ランディングページ、白紙も用意されています。
http://ja.wix.com/website/templates

> Hint!

完成後のイメージでテンプレート選び

サイト制作初心者のうちは感性にまかせてテンプレートを選んでいきますが、制作の作業効率を考えるとテンプレートの選択は重要です。完成後のイメージに近いものを選ぶことで編集作業が簡単になります。必ずしも該当する業種から選択する必要はないので、デザインやページ構成なども含め、適正なものを選びましょう。

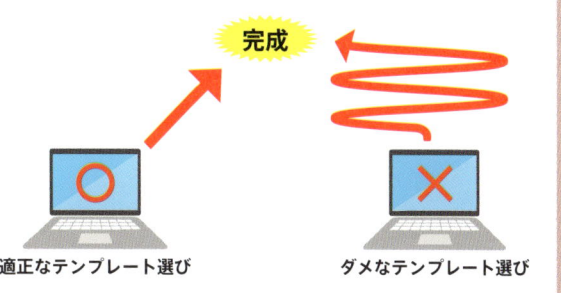

Step
04 サイト編集を開始

実際のページを操作してみて、これで良ければ「このサイトを編集」をクリックして編集を行います。選択し直す場合はタブを閉じて選び直します。

Step
05 日本語テンプレートと英語テンプレート

Wixには日本語テンプレートも用意されており日本の商習慣にあったページ作成ができます。日本語テンプレート以外はフォントが英字フォントで設定され、日本語フォントに変更する必要があるので初めての制作のときはこちらのテンプレートを使用することをおすすめします。

2 | マイサイトとダッシュボード

Wixアカウントを作成したら無料で複数のサイトを作成することが可能です。サイトを一覧で管理するマイサイトの画面と、各サイトを個別に管理するダッシュボードについて解説します。

Step 01 マイサイト

　Wixにログインして最初に開くのが「マイサイト」です。アカウントで作成されたサイトが一覧になっており、「サイトの管理」をクリックすると各サイトを個別に管理する「ダッシュボード」画面が開きます。「新規サイトを作成」で新たなサイトを作成できます。

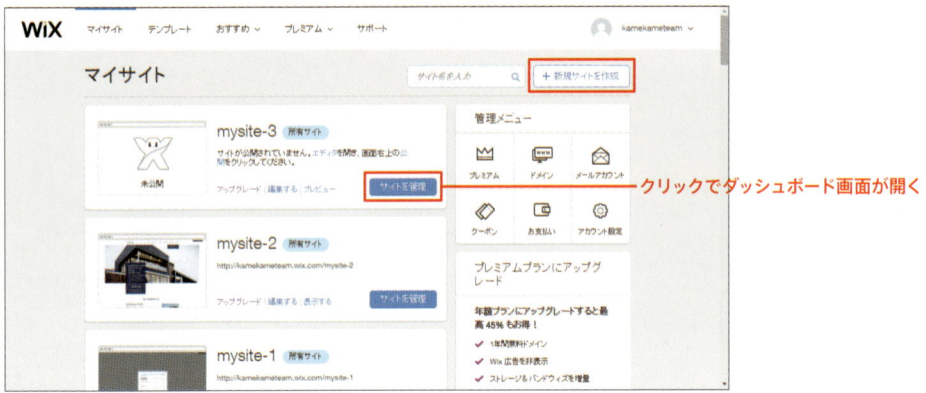

マイサイト

Step 02 マイサイトの管理メニュー

　マイサイトの管理メニューではプレミアムプラン、ドメイン、メールアカウントなどの複数のサイトに共通するメニューや無料プランのWixサイトのURLに関係するアカウント設定などが行えます。

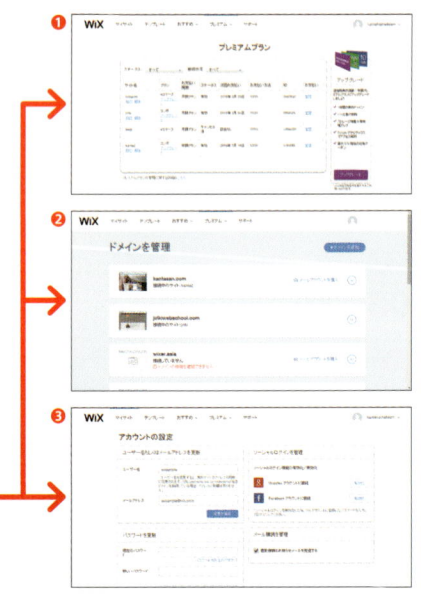

Step
03 ダッシュボード

　ダッシュボードではサイト別に様々な設定や、サイトの移行や複製、サイトの各種管理が行えます。サイト閲覧者からは直接見えないサイトの設定などを行う場合は、ここの画面左のメニューから行うと覚えておくと便利です。

ダッシュボード

サイト設定、アカウント設定を行う
「ショートカット」

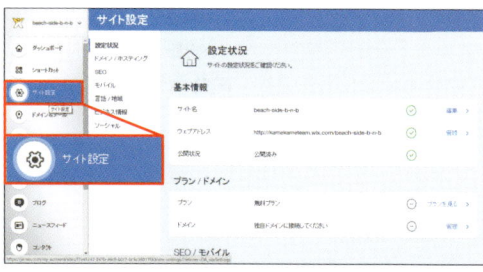

SEOや共同管理者の設定を行う
「サイト設定」

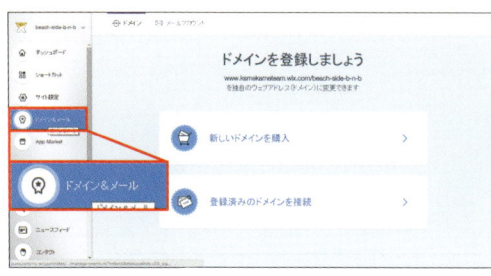

独自ドメインの設定やメールサーバーの設定を行う
「ドメイン&メール」

サイトに予め設置、または追加したアプリの管理をする
「App Market」

Chapter 2 ● Wix.comでホームページをつくる

Day 3

参考になる
サイトを探す

✓ ここで学ぶこと

サイトを制作する上で、参考サイトを選ぶ作業は近道です。決して内容をコピーしてはいけませんが、サイトの構成やデザインの方向性を示す上で多くの他社サイトを見て学びましょう。

1 おすすめからテンプレートを選ぶ

実際にWixで制作したページである「おすすめ」が掲載されています。元になったテンプレートを確認できるので、参考にしてテンプレートを選びます。

Step 01 ユーザーが制作したサイトを見る

「おすすめ」＞「制作事例」でWixユーザーが制作したサイトの事例が掲載されています。カテゴリーを選択して絞り込むことも可能です。

http://ja.wix.com/sample/website

Step 02 使用したテンプレートを確認しよう

ページが表示されると、右下に使用したテンプレートが表示されます。右下のテンプレートを元に、表示されたページは作成されたということが確認できます。このテンプレートを確認する場合は「TRY ME!」をクリックします。

Point!

インスピレーションを刺激

はじめてサイトを作る際に「何から手を付けていいかわからない？」という場合には「おすすめ」から参考サイトを見つけ出すことが近道です。完成後のイメージをしながら最適な「おすすめ」を見つけましょう。

いろんなサイトを見てイメージを固める

Step 03 テンプレートを確認して編集を開始

おすすめから選んだテンプレートを確認します。制作を開始する場合は「編集」をクリックしましょう。Wixサイトを編集するエディタ画面が起動します。

2 選んだテンプレートを保存しよう

Wixはオンラインのホームページビルダーのため回線の状況やパソコンのスペックによっては固まってしまう場合がありますのでこまめに保存を行いましょう。ここでは、初回の保存方法について説明します。

Step 01 サイトを保存しよう

エディター画面が表示されたら、まずは保存をクリックしましょう。

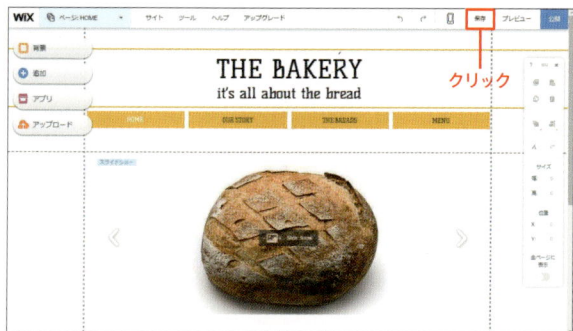

Step 02 サイト名を保存しよう

初回の保存のみこのような表示となります。まずはWix.comの無料ドメインで登録を行いましょう。

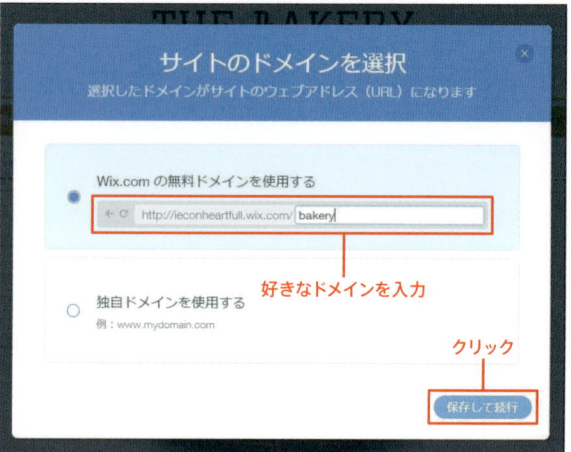

Step 03 サイトが保存されました

現時点では、サイトは公開せずに閉じましょう。

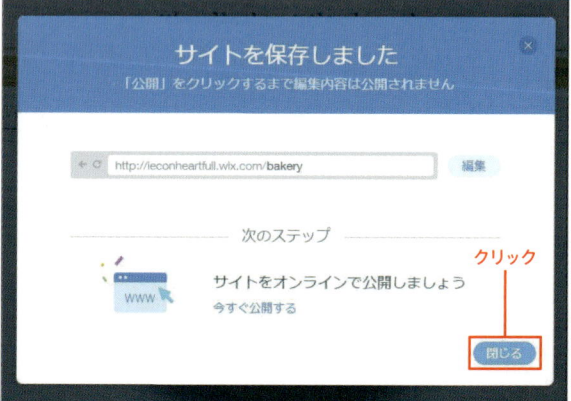

> **! Point!**
>
> **作業を中断する場合は…**
>
> 　制作を途中で修了する場合は、必ず保存してからブラウザを閉じましょう。保存しないとそれまで作業した内容が破棄されてしまいます。ブラウザを閉じるときに、以下の確認がありますので保存している場合は「このページを離れる」をクリックし終了します。保存していない場合は「このページにとどまる」をクリックし保存を行ってから再度ブラウザを閉じましょう。
>
>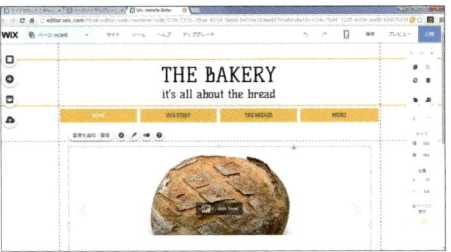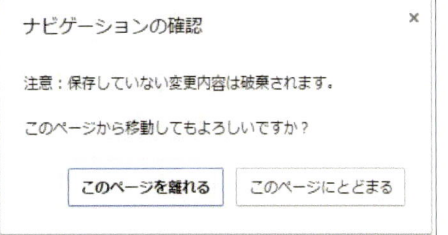

Chapter 2 ● Wix.comでホームページをつくる

Day **4**

Wixエディタで
サイトを編集

> ✓ **ここで学ぶこと**
>
> テンプレートを選択したら編集作業を開始します。Wixエディタで思い通りのサイトを完成させましょう。いよいよ編集が始まります。

1 | Wixエディタ 上部のメニュー

Wixデスクトップエディタの操作に関するメニューを確認していきます。上部のメニューはサイト全体の設定変更やページ操作に関するメニューとなっています。

Step 01 ページメニュー

「ページメニュー」は、ページの追加や、ページの設定を行うことができます。こちらでページSEOの設定も行います。

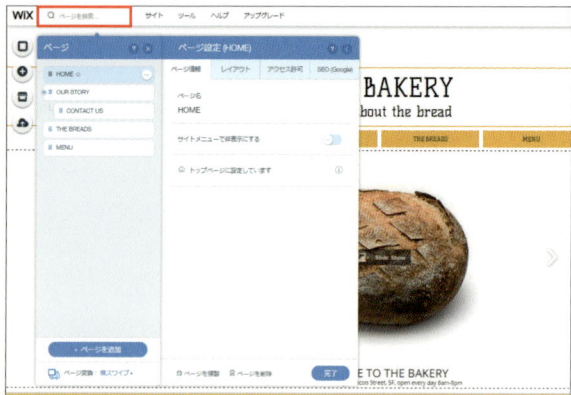

Step 02 サイトメニュー

「サイトメニュー」は、ドメインの接続、プレミアムプランへのアップグレード、サイトの編集履歴から過去のサイト復元を行うことができます。

Step
03　ツールメニュー

「ツールメニュー」は、編集作業を行う際に使用するツールの「表示・非表示」の切り替えが行えます。

Step
04　ヘルプメニュー

「ヘルプメニュー」は、エディター操作方法でわからない所の確認を行うことができます。

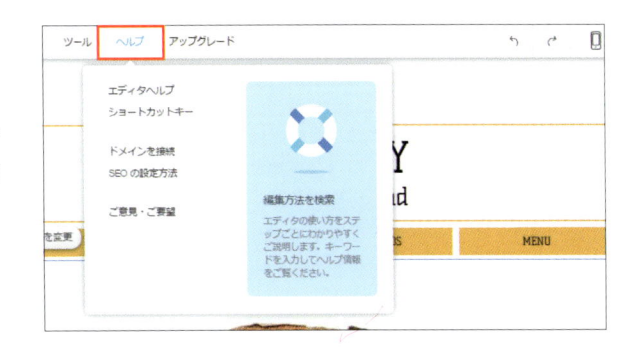

Step
05　アップグレードメニュー

「アップグレードメニュー」は、プレミアムプランに移行することができるメニューです。広告を消したい場合や、ドメインを接続したいときに利用します。

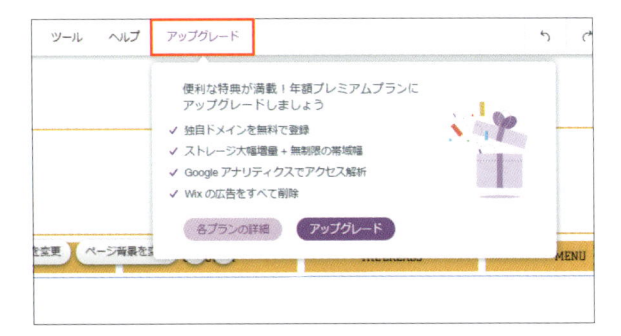

Step
06　元に戻す、やり直すボタン

「元に戻す」ボタンは、編集画面のひとつ前の作業に戻すことができます。「やり直す」ボタンは、元に戻した後に操作の再現をすることができます。

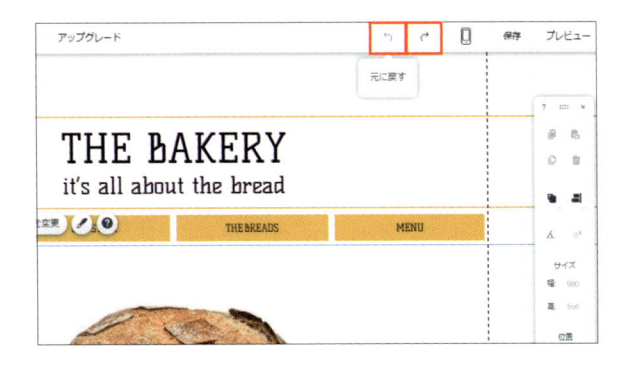

Wixエディタでサイトを編集　　039

Step
07　デスクトップ↔スマホ
　　　エディタ画面切り替え

「エディタ画面切り替え」ボタンは、デスクトップサイトとスマホ用モバイルサイトエディタの切り替えが行えます。

Step
08　保存

「保存」ボタンは、サイトの編集内容の保存を行えます。編集を行う際はこまめに保存を行うようにしましょう。オンラインのサービスのため、フリーズなど不慮の事態が発生してしまった場合、それまでの編集内容が消えてしまいます。編集内容は「公開」しない限り適用はされません。

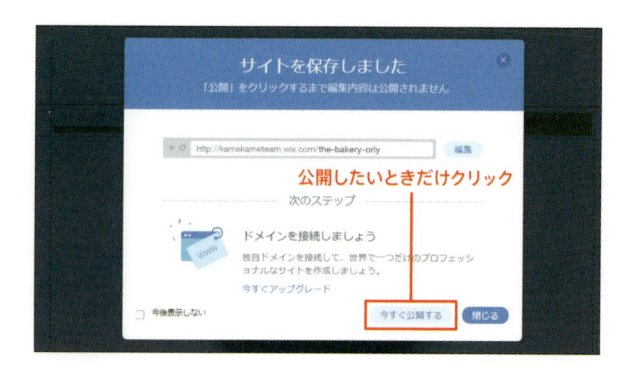

Step
09　プレビュー

「プレビュー」ボタンは、サイトを公開する前にデザインや機能のチェックを行うために使用します。

Step
10　公開

「公開」ボタンは、サイトの準備ができたら押して反映させましょう。公開すると、編集内容が反映されて表示されるようになります。

2 | Wixエディタ 左部のメニュー

左部のメニューは、ページ作成を行うための編集にかかわるデザインや機能追加の為のメニューです。

Step 01 ページ背景メニュー

「ページ背景メニュー」はページ背景のデザインを単色・画像・動画から選ぶことができます。

特に、新しく機能追加された動画の背景は最新のウェブデザインには欠かせない機能なので必見です。

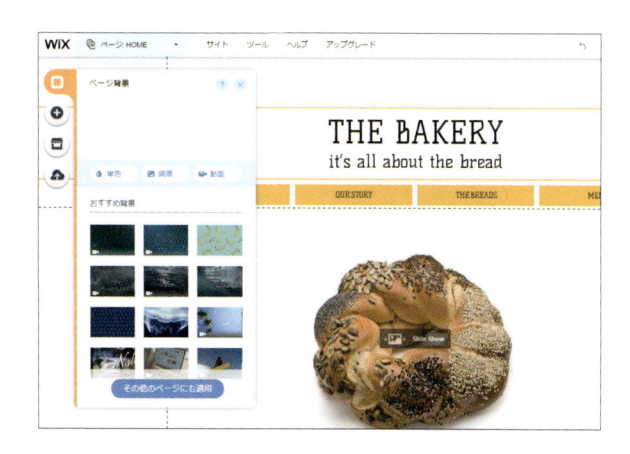

Step 02 追加メニュー

「追加メニュー」はページ制作を行うための、テキストや画像やボタンなど様々なツールを追加するためのメニューです。制作時に一番使うメニューとなります。

Step 03 Wix App Market

Wix App Marketを利用して様々な便利な機能追加が行えます。250個以上にも及ぶアプリから必要な機能を簡単に追加することができます。

Wixエディタでサイトを編集　041

Step
04 アップロードメニュー

「アップロードメニュー」は、画像や文書ファイル、音楽ファイルなどをアップロードをしてダウンロードボタンとしてサイトへ設置することができます。

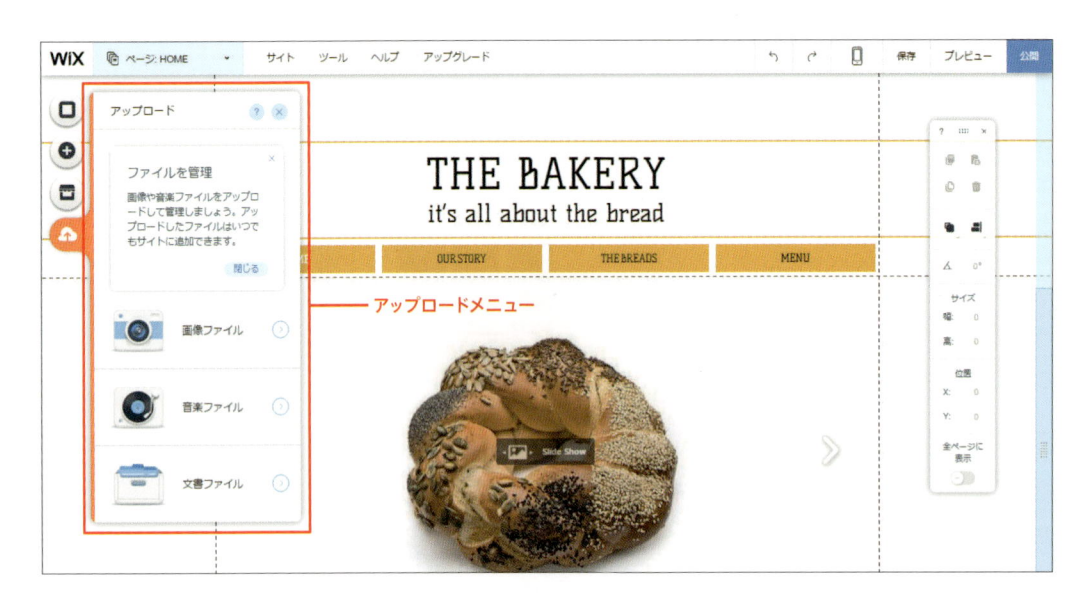

アップロードメニュー

---

3 Wixエディタの操作方法

基本はドラッグ＆ドロップでの操作です。デザインやレイアウトなど編集に必要な操作をマスターしましょう。

Step
01 基本操作はドラッグ＆ドロップ

アイテムの移動やサイズの変更などの基本操作はドラッグ＆ドロップで行います。直観的に編集作業を行うことができます。

ドラッグするだけで移動可能

042

Step
02 アイテムの移動

ドラッグ＆ドロップで移動を行えますが、正確な配置を行う場合は、ツールバーの座標で管理することもできます。

Step
03 アイテムのサイズ変更

アイテムをクリックすると8方に白丸のポイントが出現します。ポイントをドラッグするとサイズを拡大縮小することができます。

Step
04 ツールバー

アイテムを選択するとツールバーが有効になります。

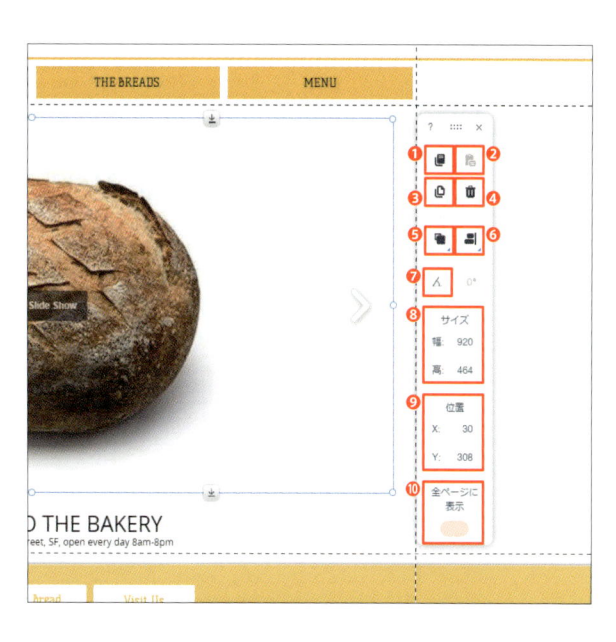

❶ **コピー**…アイテムをコピー
❷ **ペースト**…コピーしたアイテムを貼り付け
❸ **複製**…アイテムを複製
❹ **削除**…アイテムを削除
❺ **アレンジ**…アイテムの重ね順
❻ **配置**…アイテムを整列
❼ **回転**…数値を指定して回転
❽ **サイズ**…w幅とh高さを調整
❾ **位置**…x横とy縦の位置
❿ **全ページに表示**

Wixエディタでサイトを編集　043

Step 05 アイテム選択時のメニュー

選択するアイテムに合わせたメニューが表示されます。アイテムを選択すると主に「設定」、「デザインを変更」、「アニメーション」、「ヘルプ」が有効になります。

4　テキストの変更

テキストの編集は最も基本的な操作です。フォントやサイズの変更を行います。

Step 01 テキストの編集

テキストをクリックすると表れる「テキストの編集」をクリックします。ダブルクリックでも同様に編集が可能です。

Step 02 フォントの設定

テキストの編集時に表示される「テキスト設定」からフォントのサイズや色を変更できます。「スタイル」はテンプレートに合わせたプリセットです。

5 画像の変更

テンプレートにあらかじめ追加されている画像を変更してみます。新たに画像を追加した場合も同様の手順で設定できます。

Step 01 画像を変更ボタン

画像をクリックし「画像を変更」ボタンをクリックして「画像を選択」パネルを開きます。

Step 02 画像を変更パネル

画像を変更パネルのマイイメージ「画像をアップロード」をクリックして画像を選択します。アップロードされた画像をクリックして「画像を追加」で変更完了です。

❶ マイイメージ…自分でアップロードした画像
❷ ソーシャル…SNSから画像データを取り込み
❸ Wixフリー素材…Wixが用意した無料画像
❹ Bigstock 写真素材…購入可能な素材サイト

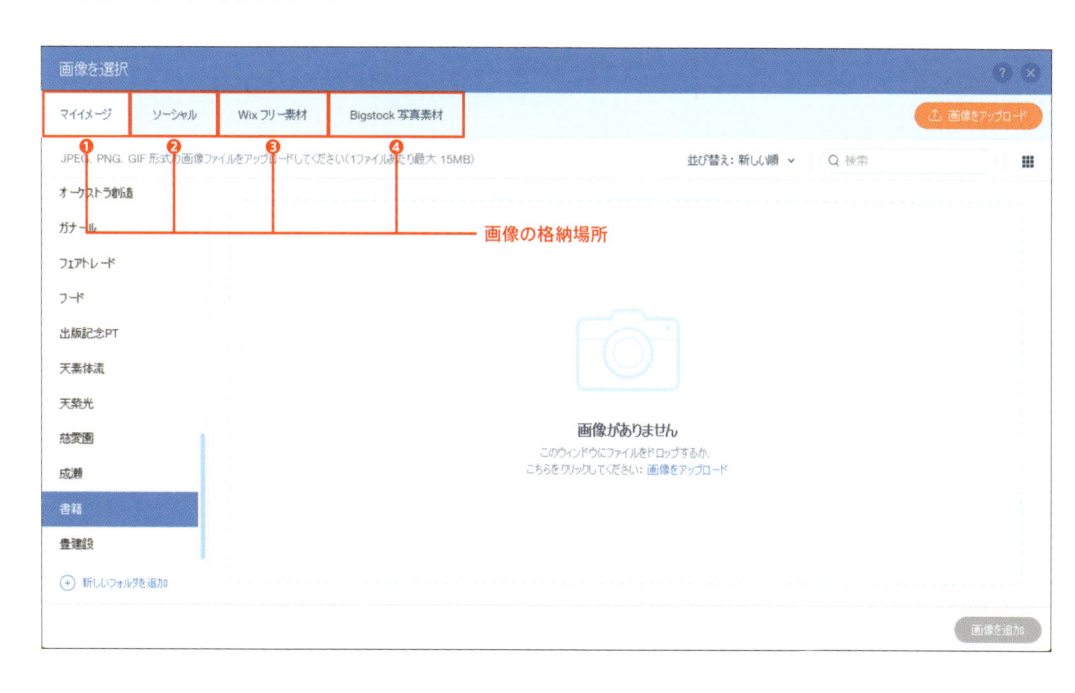

6 デザインの変更

各アイテムのデザインを変更してみましょう。Wixでは、簡単な操作でデザインの変更が行えます。

Step 01 デザインの変更ボタン

アイテム選択時に表示される「デザインの変更」ボタンをクリックします。複数のデザインパターンで表示されますので、さらに詳細な変更が必要な場合は「デザインのカスタマイズ」をクリックして変更します。

Chapter 2 ● Wix.comでホームページをつくる

Day **4**

Wixサイトの管理

✓ ここで学ぶこと

Wixサイトは容量内であればいくつでも作成することができます。1アカウントに1サイトではなく、1アカウントに複数のサイトが作成できる訳です。

1 マイサイト

マイサイト内のメニューの概要を確認していきます。

Step 01 サイトが1つの場合

サイトの作成が1つの場合は管理画面が表示がされます。「サイトを編集」をクリックするとエディター画面が立ち上がります。

Step 02 サイトが複数の場合

2個以上のサイトを作成している場合このように表示されます。編集したいサイトの「編集する」をクリックするとエディター画面が立ち上がります。

「サイトを管理」をクリックすると各サイトのマイサイトメニューが表示されます。

Wixサイトの管理　047

2 ダッシュボード

ダッシュボードに関する操作の概要を確認していきましょう。
画面の左側にメニューが並んでいます。

Step 01 ショートカット

「ショートカット」をクリックすると、「サイト設定」と「アカウント設定」が表示され様々な設定変更を行うことができます。

Step 02 サイト設定

「サイト設定」をクリックすると、サイトの設定情報の確認と設定変更を行うことができます。プレミアムプランの申込みや、SEOの詳細設定などの設定変更ができます。

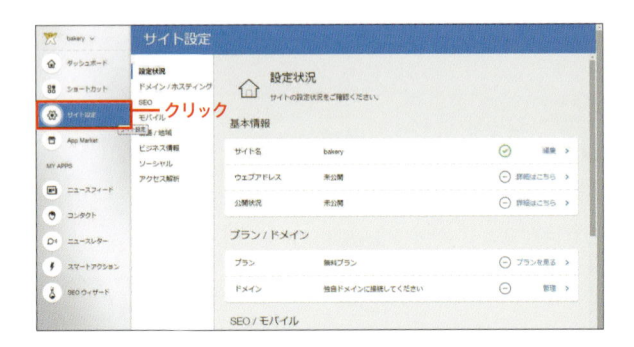

Step 03 App Market

「App Market」をクリックするとWixで利用できるアプリを確認する事ができます。こちらからサイトにアプリを追加することもできます。

Step 04 ニュースフィード

「ニュースフィード」をクリックすると、Wix.comからの「ヒント＆更新情報」と「ビジネス情報」を確認することができます。

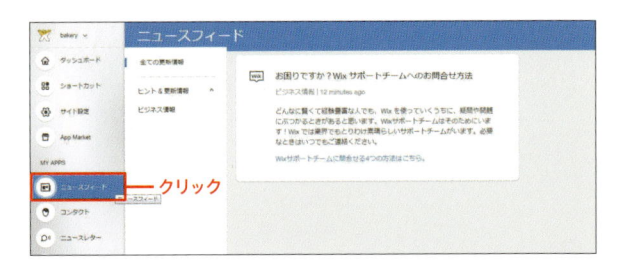

Step
05 コンタクト

「コンタクト」をクリックすると、お問い合わせ・会員登録・購読者リストの確認が行えます。また連絡先のインポートやエクスポート、ニュースレターの送付も行えます。

Step
06 ニュースレター

「ニュースレター」をクリックすると、ニュースレターの作成画面が表示されます。サイトの最新情報、イベント告知、季節のセールなど伝えたいメッセージを発信できます。

Step
07 スマートアクション

「スマートアクション」をクリックすると、こちらからメールの自動送信の設定を行うことができます。お問い合わせのお礼メールや、ニュースレター購読勧誘や、サイト会員登録歓迎メールを自動で送付することができます。

Step
08 SEOウィザード

「SEOウィザード」をクリックすると、適切にSEO設定ができているか確認することができます。キーワードが各項目に入っていることを確認し、すべてがOKになるようにします。

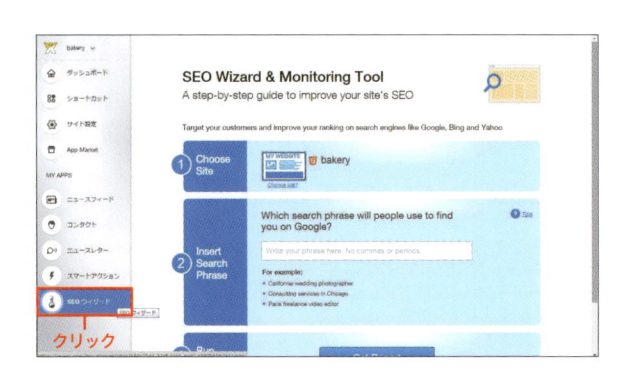

Wixサイトの管理　049

Chapter 2 ● Wix.comでホームページをつくる

Day 5

スマートフォンサイトの編集

✓ ここで学ぶこと

PCサイトの編集が完了したらスマートフォンサイトの編集を行います。PCサイト内に存在するコンテンツが自動的にスマートフォンサイトに反映されています。

1 Wixモバイルエディター

Wixモバイルエディターの概要、使用するメニューを確認していきます。

Step 01 エディタの切替

「エディタ切り替え」ボタンをクリックします。「デスクトップエディタ」と「モバイルエディタ」の切り替えが表示されますので「モバイルエディタ」を選択します。

Step 02 モバイル背景

「モバイル背景」メニューをクリックすると、モバイル用に背景画像を選ぶことができます。デスクトップで動画を選択した場合は静止画で表示されます。こちらで変更を行っても、デスクトップでの表示には影響しません。

Step 03 モバイルメニュー

「モバイルメニュー」をクリックすると、モバイル最適化に関する設定を行うことができます。

Step
04 非表示のパーツ

「非表示のパーツ」メニューをクリックすると、モバイルサイトで非表示にしているパーツの一覧が表示と自動整列の機能が表示されます。

Column

モバイルフレンドリーについて

2015年4月21日より、google検索では「モバイル端末（スマートフォンやタブレット）に対応していないホームページは検索順位が下がるアルゴリズムに変更する」というニュースが発表されました。サイトがモバイル対応になっているかどうかは、下記サイトで調べることができます。

【モバイルフレンドリーテスト】
https://www.google.com/webmasters/tools/mobile-friendly/

モバイル端末からの検索が増えている事で、モバイル端末に対応しているホームページを優先して検索上位に表示するように変更になるようです。しかし、ありがたいことにWixはモバイル端末に対応するためのツールを備えています。モバイルフレンドリーに対応していないホームページビルダーをご使用の方は是非Wixをご利用ください。

スマートフォンサイトの編集　051

2 | モバイルアクションバー

Wixモバイルエディターから設定できるモバイルアクションバーはユーザーの電話発信やメールなどのアクションを喚起します。

Step 01 モバイルアクションバーとは

　スマホからアクセスした場合、ユーザーが電話やマップ、メールなどが簡単に行える機能です。表示設定をしておくとユーザーからのアクションが期待できます。

アクションバー 　　　電話

メール 　　　マップ 　　　SNS

Step 02 モバイルアクションバーの設定

　モバイルボタンからモバイルアクションバーを選択すると設定画面が開きます。「モバイルアクションバーの表示」をONにし、表示する機能の電話やメールなどをそれぞれONにします。住所を設定するとアクセスMAPが機能するようになります。

クリック

052

3　非表示のパーツ

PCで追加したパーツごとにモバイル版での非表示設定を行います。

Step 01　非表示設定の必要性

　WixサイトではPC版の編集完了後にモバイル編集を行っていただきたい理由はモバイルで表示させたパーツをPCで非表示ができないからです。モバイルだけで表示するパーツは回避しましょう。

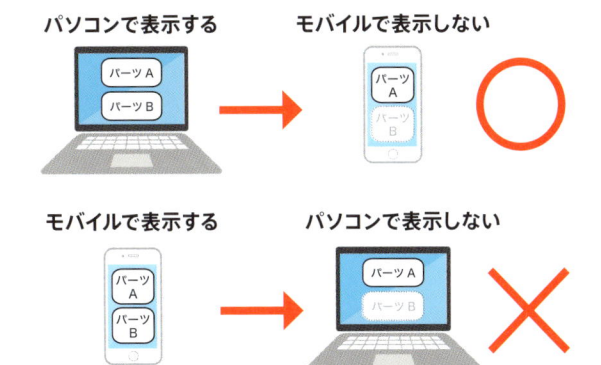

Step 02　非表示設定の方法

　モバイルエディタで非表示にしたいパーツを選択します。「非表示」をクリックするとパーツは表示されません。この操作はPC版には影響しません。

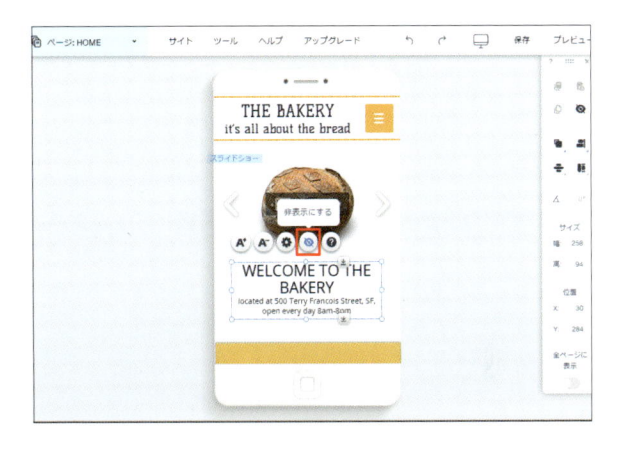

Step 03　非表示パーツの管理

　「非表示のパーツ」をクリックすると非表示に設定されているパーツが一覧で表示されます。再表示したい場合は「表示する」をクリックします。

スマートフォンサイトの編集　053

4 モバイルレイアウトの設定

テンプレートの初期状態ではモバイル版のレイアウトはきれいに整列していますが、PC版レイアウトを操作したり、白紙で作成した場合はレイアウト調整の必要があります。

Step 01 自動整理

「非表示のパーツ」の下部に「自動整理」のボタンがあります。モバイルのレイアウトがバラバラの場合は試してみてください。自動整理後もレイアウトを確認してパーツの並び順は手動で整列が必要になります。

クリック

クリック

Point!

レイアウト調整で役立つグループ選択とドラッグハンドル

レイアウトを調整しているときに、パーツを一つずつ行うと作業が大変な場合、Ctrlキーを押しながら選択すると複数のパーツをグループとして選択できます。そのままドラッグすればグループごと移動できるので大変便利です。また、パーツ選択時に表示されるドラッグハンドルで上下に移動させるとパーツより下に位置するものはまとめて移動されるためレイアウトを行いやすくなります。

グループ選択

ドラッグハンドル

Column

なぜパソコンやスマホなど端末によって見え方が違うのか？

「私のパソコンではちゃんと見えるけれど、他の端末では画像が切れている」「iPhoneでは普通に見れるのにAndroidでは文字が小さい」、最悪の場合は「特定の端末では見れない」などの現象が起こることがあります。これらは端末ごとに異なるOS（オペレーティングシステム）とブラウザが原因であったり、モニターや画面のサイズ、設定されているフォントなど様々な状況が理由として挙げられます。

Wixでサイト制作を行う際、こうしたトラブルを回避するにはどのような注意が必要でしょうか？

■ Wixサイトの編集時の注意点
・モバイルで文章が読みにくくならないように、テキストの改行を多用しない。
・モバイルのレイアウトを崩さないためできる限りHTMLアプリを使用しない。

■ Wixサイトのブラウジング（閲覧）に関する注意点
・公開したら、できる限りパソコン・タブレット・モバイルなど多様な端末と機種で確認しておく。
・ブラウザは最新のものであることを確認する。（WixはInternet Explorer（バージョン10以上）Firefox、Google ChromeとSafari（Safari 7以上））

上記のことに注意して制作をおこない、現時点では閲覧が可能でもブラウザ側でのアップデートや端末に依存した原因など様々な理由で閲覧できなくなる可能性もあります。万が一の場合はヘルプやフォーラムの活用なども検討しましょう。

スマートフォンサイトの編集

Chapter 2 ● Wix.comでホームページをつくる

Day **6**

動画背景で
ユーザーのイメージ
を掻き立てる

✓ ここで学ぶこと

動画背景は2015年9月にリリースされた新機能です。ユーザーにとってよりイメージが伝わるサイトを目指しましょう。
動画背景を導入したサイトはまだ少ないので、他サイトとの差別化に最適です。

1 動画背景の追加

まずはページ背景に動画を追加してみましょう。センスの良いWixフリー素材だけでなく、オリジナルも追加可能です。

Step 01 背景動画を選択画面を開く

　ページ背景のボタンをクリックし、動画をクリックします。背景動画を選択画面が開きます。オリジナルの動画を設定する場合は「マイビデオ」のタブを、手軽にWixが用意している動画を設定する場合は「Wixフリー素材」のタブを選択します。

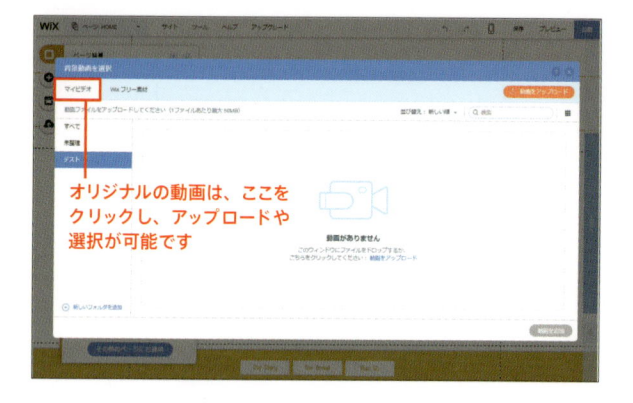

オリジナルの動画は、ここをクリックし、アップロードや選択が可能です

Step 02 オリジナル動画を追加

　マイビデオのタブで「動画をアップロード」をクリックし、パソコンに保存されている動画を選択して開きます。形式は.MOVか.MP4でサイズは50MBまでです。マイビデオに追加された動画を再度選択して「動画を追加」をクリックして完了です。

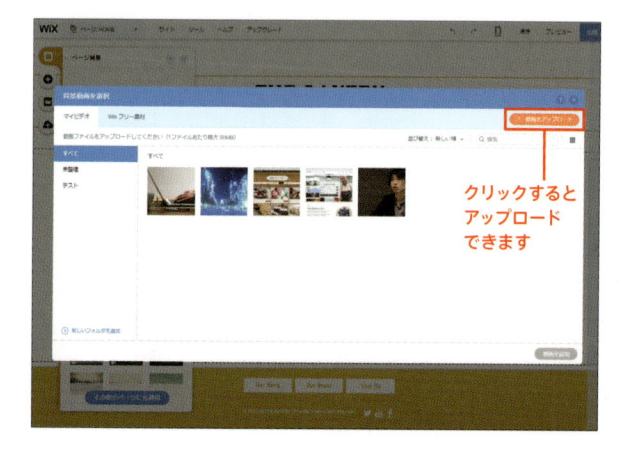

クリックするとアップロードできます

Step
03　Wixフリー動画を追加

　背景動画を選択画面のWixフリー素材のタブから動画を選択し、「動画を追加」をクリックして追加します。動画は複数のカテゴリーに分かれており、今後動画の本数は更に追加されていくことでしょう。

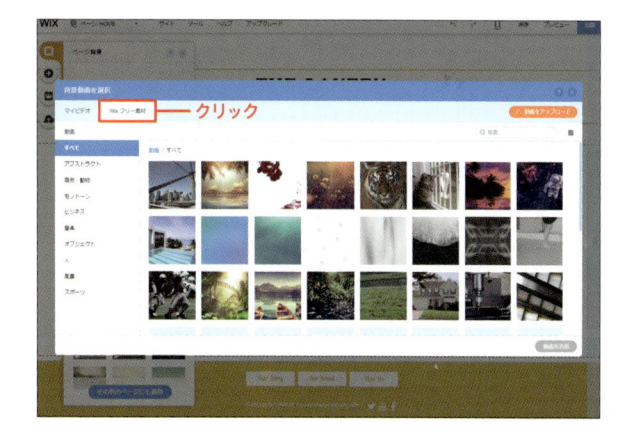

---

2 | 動画背景を活かしたデザイン

せっかくの動画背景も大きくパーツが乗ってよく見えない。なんてことにならないようにポイントを押さえておきましょう。

Step
01　ページのデザインは透明に

　ページの中央に色が入って背景が見えなくなっている場合、エディタのパーツの無い部分でクリックすると「ページのデザイン変更」ボタンが表示されます。「ページデザイン」の中から「色なし」を選択します。

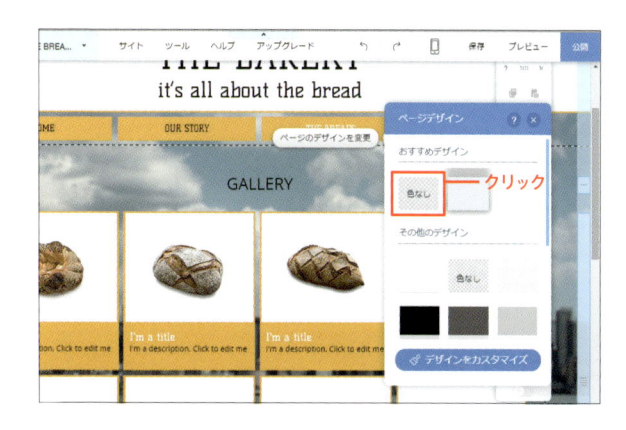

Step
02　粗い動画はパターンを乗せる

　ページの読み込み速度を快適にするためには、オリジナル動画は極力小さいサイズでアップロードします。その場合動画が粗くなってしまうため、ページ背景の設定からパターンを設定します。

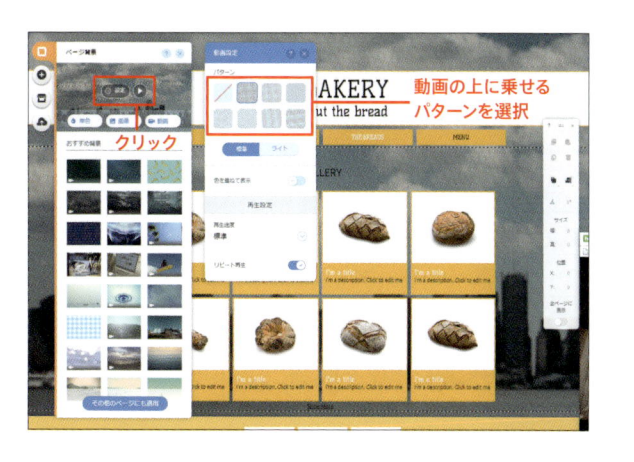

Step
03 配置するパーツは
画面幅のものを中心に

　動画背景は画面全体を使って表示されます。それに合わせて画面幅いっぱいにレイアウトできる「ストリップ」を配置すると見栄えも良く、複数追加することで縦型のスクロールが楽しいサイトが完成します。

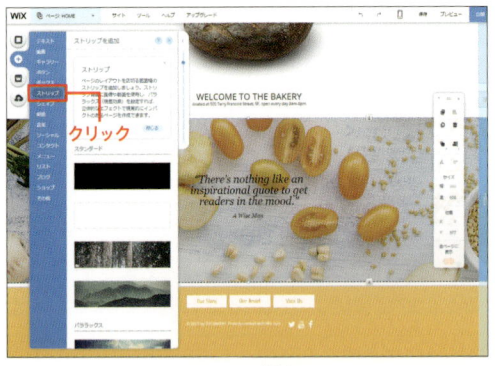

ストリップ追加　　　　　　　　　　　縦型サイト

Step
04 テキストが読めるかチェック

　動画背景だけでなく、単色や画像の場合も同様ですが、背景色とテキストの色が重なった場合は「1.テキストの下にボックスをひく」、「2.テキストの色を変える」などして対応しましょう。

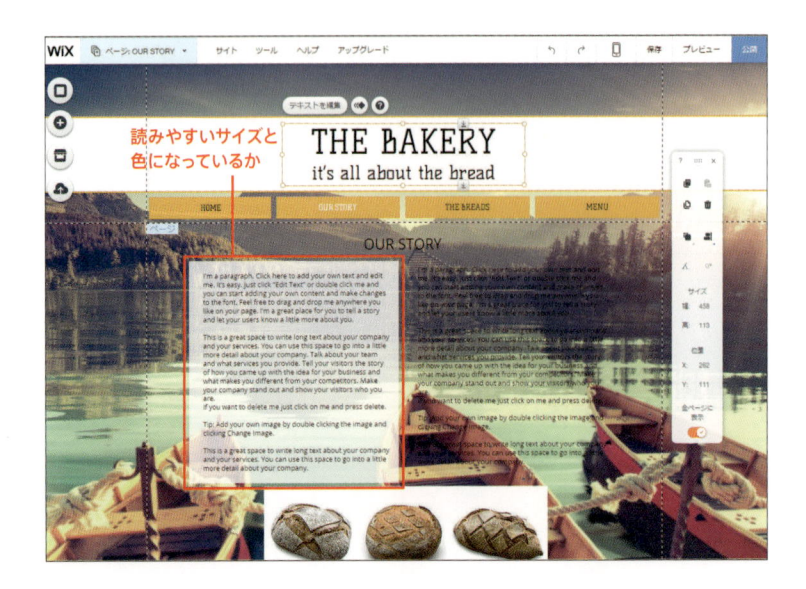

058

3　サイト内の他ページへの背景の適応

設定した動画を他のページにも一括で設定ができます。

Step 01　その他のページにも適応

ページ背景から「その他のページにも適応」をクリックすると背景を適用するページを選択できます。

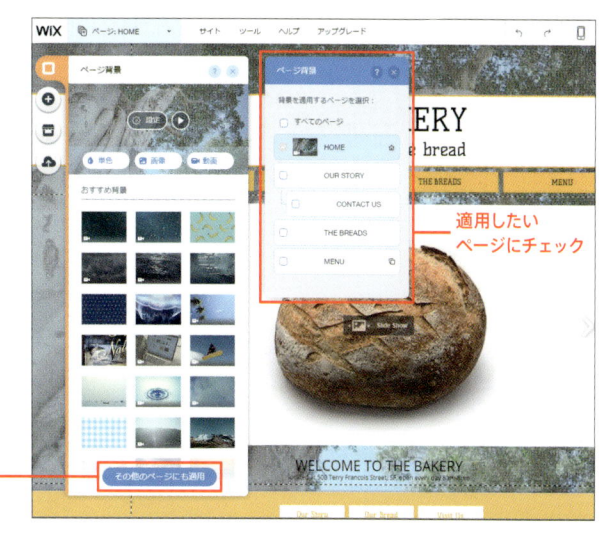

適用したいページにチェック

クリック

Step 02　その他のページをチェック

背景が動画になったことで色がかぶってテキストが見えなくなっていないか、適用したページのデザインは必ずチェックしましょう。

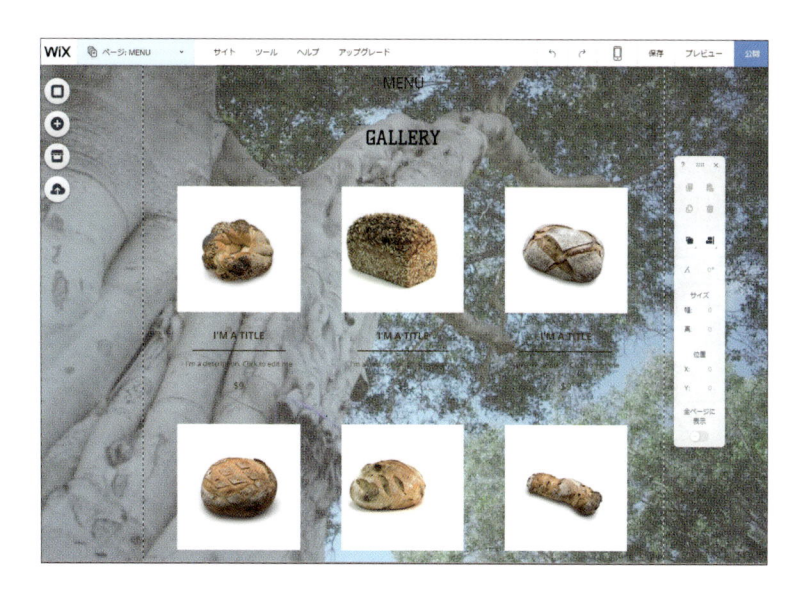

動画背景でユーザーのイメージを掻き立てる　059

Chapter 2 ● Wix.comでホームページをつくる

Day 7

Wixアプリで
機能追加

> ✓ **ここで学ぶこと**
>
> Wixアプリでは「問い合わせフォーム」「カレンダー」「表」など基本的なものから、マーケティングに活用できる様々な機能が提供されています。

1 Wixアプリの追加

Wixアプリの基本的な追加方法を学びます。

Step 01 Wix App Market

Wix App Marketをクリックするとアプリの一覧が開きます。無料、Wixアプリ、ソーシャル、フォーム、ギャラリーなどのカテゴリからアプリを選択し、「＋サイトに追加」をクリックするとアプリが追加されます。

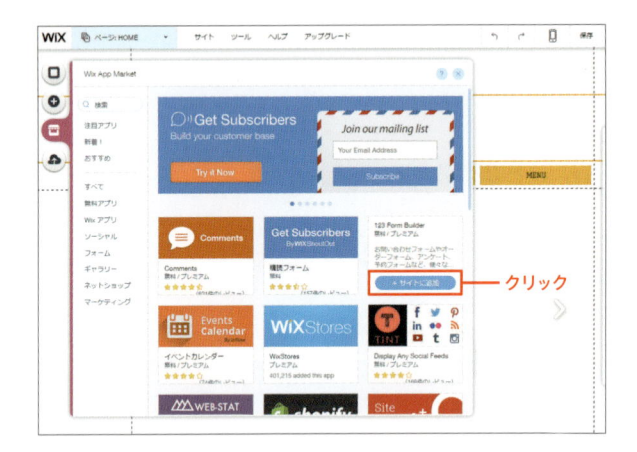

→ クリック

Step 02 アプリの設定

サイトへ追加されたアプリを選択し「設定」をクリックして各アプリの設定を行います。有料版がある場合は「アプリをアップグレード」が表示され、様々な機能が追加／拡張できます。

サイトに追加する場合はクリック

060

2 | Wixアプリ「Wixマルチリンガル」

多言語サイト制作に役立つアプリです。サイト閲覧者のブラウザの言語設定を認識し、その言語のページへ自動的にアクセスしてくれます。機械翻訳ではなく、翻訳したページの準備が必要です。

Step 01　Wixマルチリンガルの追加

WixマルチリンガルはWixアプリのカテゴリ内にあります。オンマウスして表示される「サイトに追加」をクリックします。

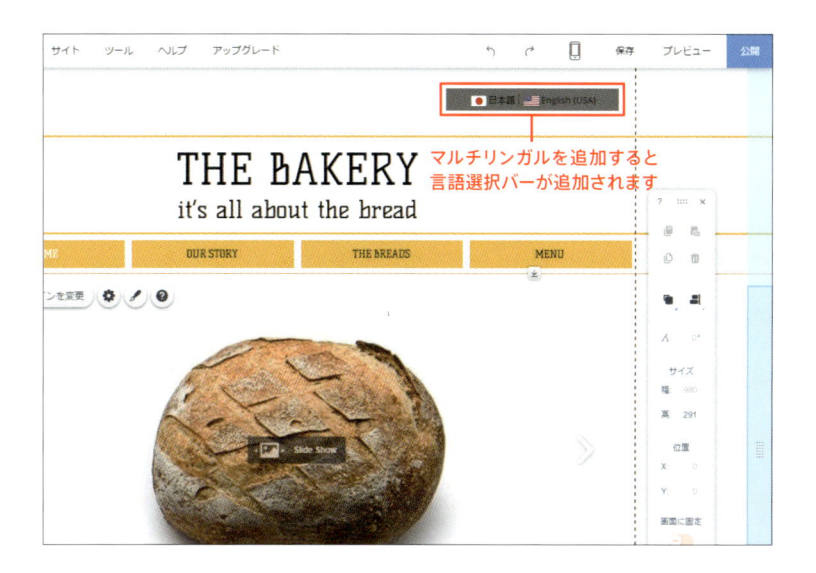

マルチリンガルを追加すると言語選択バーが追加されます

Step 02　Wixマルチリンガルの設定

Wixマルチリンガルを選択し、「設定」をクリックすると設定画面が開きます。設定画面でははじめに「Select Languages」のタブが開きます。「I did it」をクリックして進みます。

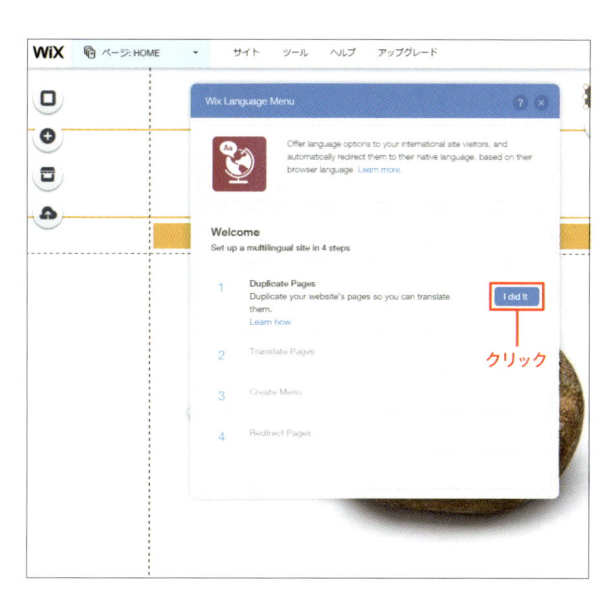

クリック

Wixアプリで機能追加　061

Step
03 翻訳ページの準備

翻訳ページの準備をするために上から順に設定を行います。

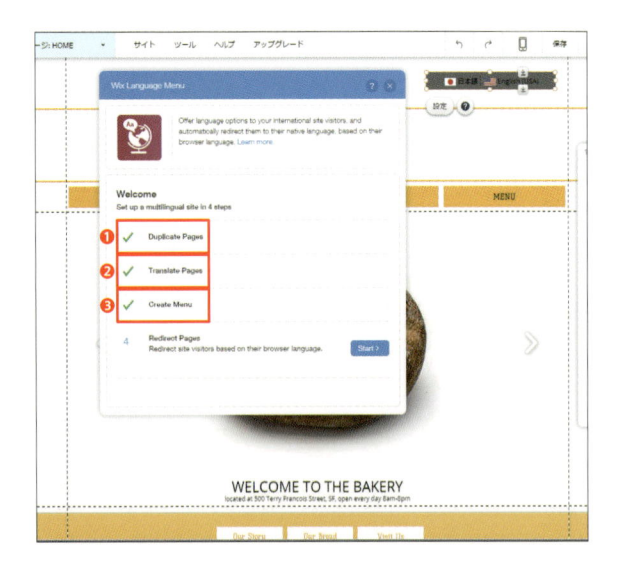

❶ **Duplicate Pages**…ページの複製
Duplicate your website's pages so you can translate them.
翻訳用のウェブサイトのページを複製します。

❷ **Translate Pages**…ページを翻訳
Translate all of the content to your chosen language.
複製したページのすべてのコンテンツを翻訳します。

❸ **Create Menu**…メニューを作成
Remove your existing menu and create a new one with buttons.
既存のメニューを削除し、ボタンを使って新しいものを作成します。例えば日本語のページには日本語のボタンだけが表示されるように構成します。

Step
04 リダイレクト設定

「Start >」をクリックして言語を選択し、その言語に該当するトップページを設定しましょう。

Redirect Pages…ページのリダイレクト設定
Redirect site visitors based on their browser language.
閲覧者のブラウザの言語設定に基づいて該当する言語のページへリダイレクトします。

Step 05 初期設定の言語選択

次にRedirection Settingsのタブでは Default Languageで初期設定の言語を選択します。用意されていない言語がブラウザで選択されていた場合は、ここで設定した言語で表示されます。

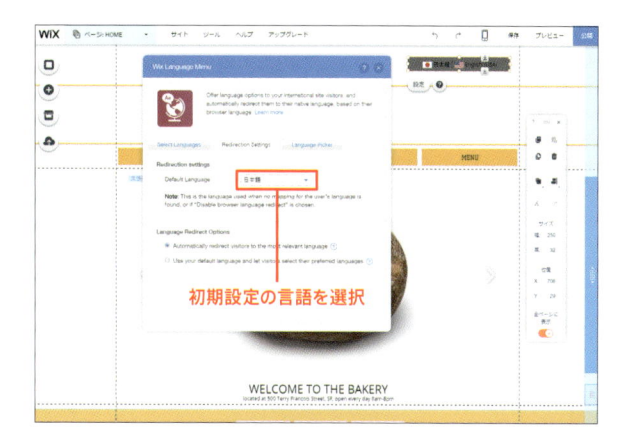

---

3 テーブルマスター

表の作成が簡単にできるアプリです。Google Driveのスプレッドシートとの連携もできて便利です。

Step 01 テーブルマスターの追加

Wix App Marketをクリックし、Wixアプリのカテゴリーからテーブルマスターをオンマウスして表示される「サイトに追加」をクリックします。

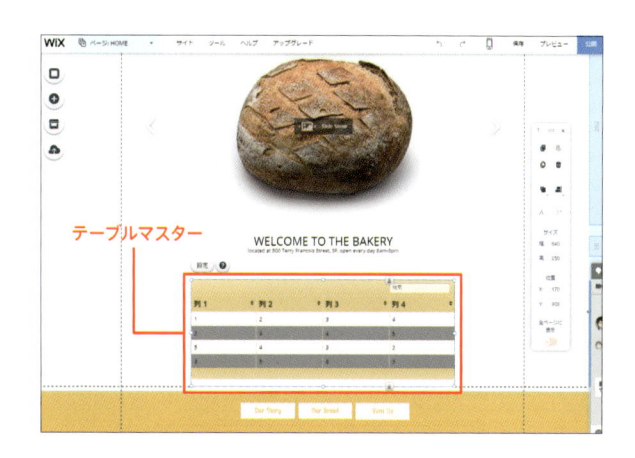

Step 02 テーブルマスターの設定

テーブルマスターを選択して「設定」をクリックし、データソースにデータを入力するかチェックボックスを切り替えてGoogleスプレットシートと連携も可能です。

Googleスプレットシートの使い方はこちら
https://www.google.com/intl/ja_jp/sheets/about/

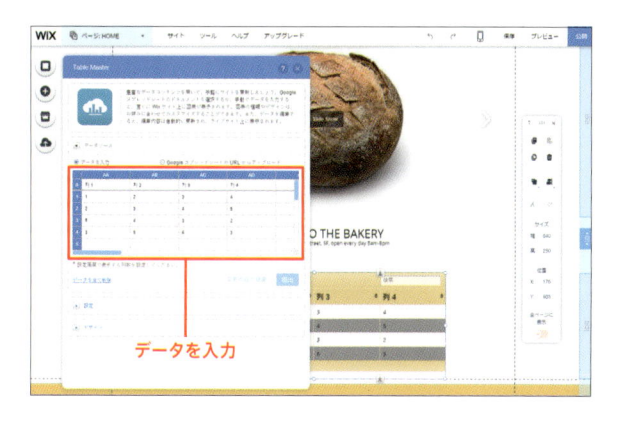

Wixアプリで機能追加　063

4 Instagramフィード

Instagramと連携してサイトにフィード表示できるアプリです。スマホアプリで更新した情報と同期させてサイトユーザーに写真でアピールしましょう。

Step 01 Instagramフィードの追加

Wix App Marketをクリックし、ソーシャルのカテゴリーからInstagramフィードをオンマウスして表示される「サイトに追加」をクリックします。

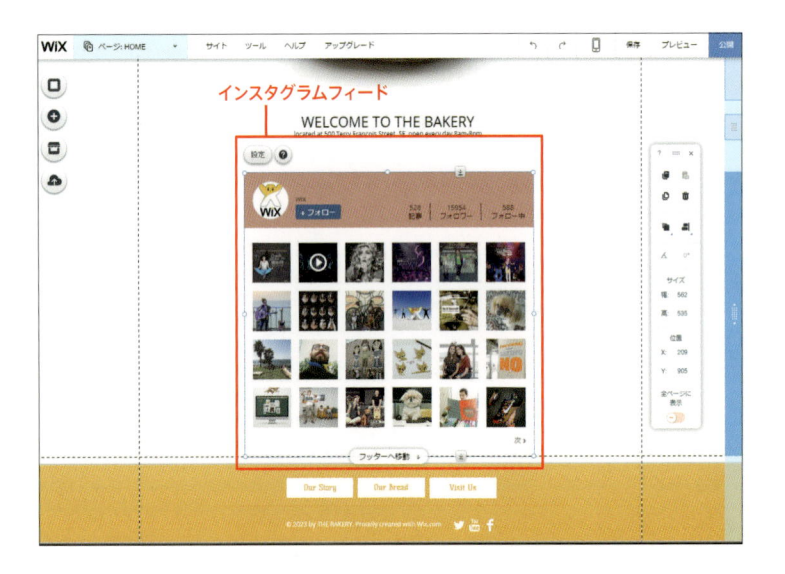

Step 02 Instagramフィードの設定

追加したInstagramフィードを選択し「設定」をクリック、「アカウントを接続する」を選択してフィードを表示させます。

| 5 | Googleカレンダー | Googleカレンダーと同期したものをサイトに追加できます。営業日の表示やスケジュールの共有などに活用しましょう。 |

Step 01　Googleカレンダーの追加

Wix App Marketをクリックし、WixアプリのカテゴリーからGoogleカレンダーをオンマウスして表示される「＋サイトに追加」をクリックします。

クリック

Step 02　Googleカレンダーの設定

追加したGoogleカレンダーを選択し「設定」をクリック、「アカウントを接続」してフィードを表示させます。

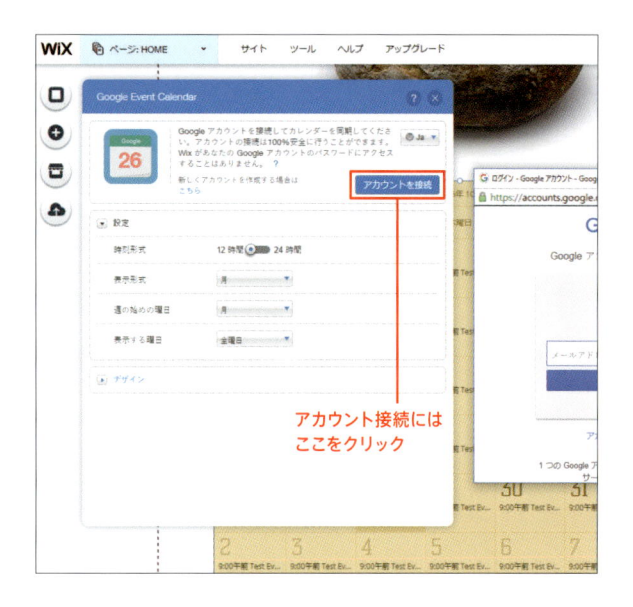

アカウント接続にはここをクリック

Wixアプリで機能追加　065

6 Timeline

Timelineは時系列にイベントを表示できるアプリです。会社の沿革や個人の経歴などを表示させます。

Step 01 Timelineの追加

Wix App Marketをクリックし、マーケティングのカテゴリーからTimelineをオンマウスして表示される「サイトに追加」をクリックします。

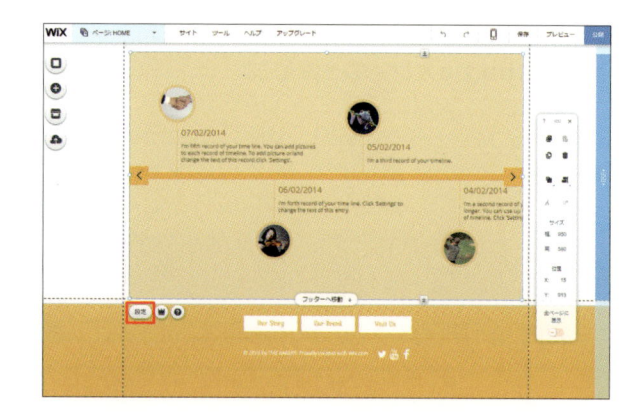

Step 02 Timelineの設定

追加したTimelineを選択し「設定」をクリック、Timeline entriesで初期値として入っているものを編集する場合はEdit、削除する場合はRemove、新たに追加する場合はAdd eventをクリックします。

Step 03 イベントの追加

Add event（追加）ではPhotosのSelectで画像を追加、Dateで日付、Showで年か年月の表示を選択、Descriptionに説明を追加します。

※アップグレードすると項目が追加できます。

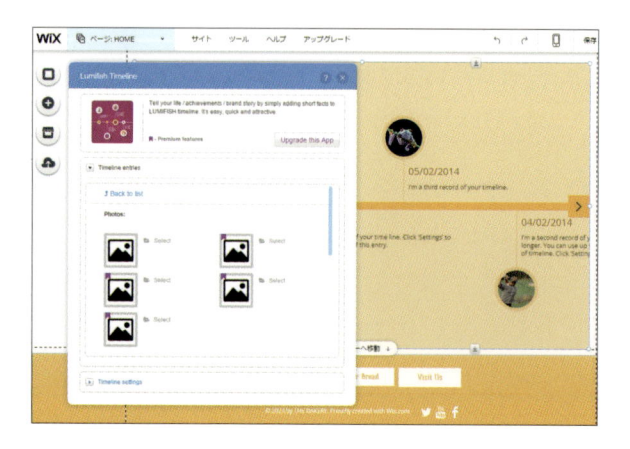

7 Wix FAQ

FAQの作成が簡単に行えます。ユーザーサポートに活用しましょう。

Step 01 Wix FAQの追加

　Wix App Marketをクリックし、Wixアプリのカテゴリーから Wix FAQをオンマウスして表示される「サイトに追加」をクリックします。

ここをクリックし、WixアプリのカテゴリーからWix FAQを追加

Wix FAQ

Step 02 Wix FAQの設定

　追加したWix FAQを選択し「設定」をクリック、Layout（レイアウト）、Settings（セッティング）、Design（デザイン）をそれぞれ設定します。

Layoutのタブからは
4種類のレイアウトが
選択できます

Step 03 Wix FAQの編集

　Manage Questionsから編集画面を開き、画面左側でカテゴリーの管理、Add Questionで新しいFAQを追加します。

新しいFAQの追加は
ここをクリック

Wixアプリで機能追加　　067

8　123 Form Bilder

各種フォームが作成できるアプリです。Wixアプリの無料フォームと比較して自由度が高くさまざまなシーンで活用できます。

Step 01　123 Form Bilderの追加

　Wix App Marketをクリックし、フォームのカテゴリーから123 Form Bilderをオンマウスして表示される「サイトに追加」をクリックします。

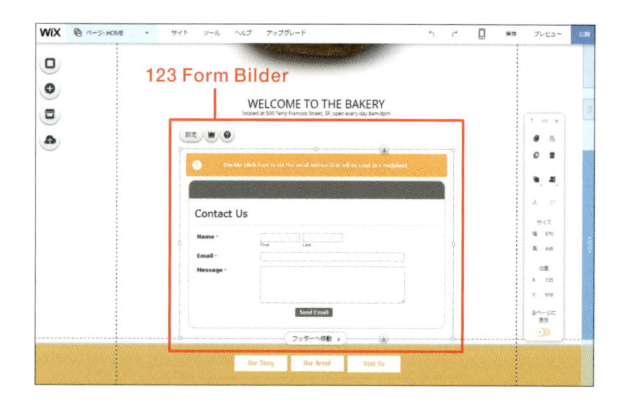

Step 02　123 Form Bilderの設定

　追加した123 Form Bilderを選択し「設定」をクリック、はじめて使用する場合はSign Up for Freeをクリックしてアカウント登録します。

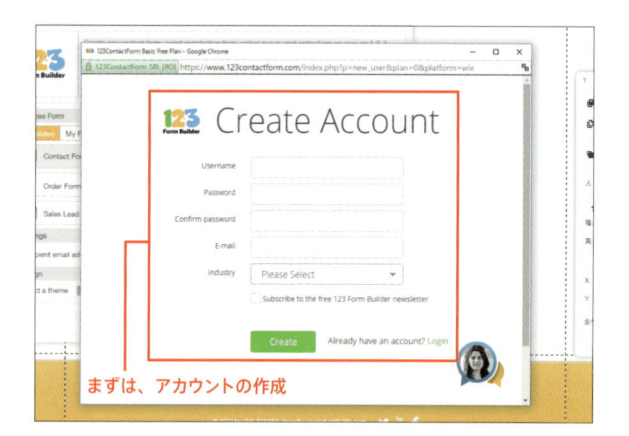

Step 03　フォームの編集

　Choose Formから任意のテンプレートを選択し、Customize FormをクリックEdit Formでフォームを編集、Form Settingsで受信メールの設定、Publish on WixでフォームがWixサイトへ反映されます。

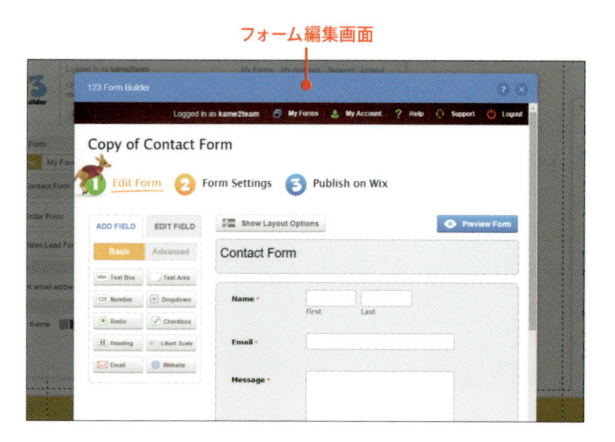

Chapter
3

∨

ワンランク上の
サイトを目指す

Day 1	より見やすく、美しくサイトをデザインする
Day 2	画像の種類と使い方
Day 3	Wixプレミアムプランでワンランク上のサイトを目指す
Day 4	独自ドメインを利用してブランド価値を高める
Day 5	カスタムメールアドレスの取得を利用する
Day 6	ユーザーにストレスなく軽快にサイトを表示する

Chapter 3 ● ワンランク上のサイトを目指す

Day 1

より見やすく、美しくサイトをデザインする

☑ **ここで学ぶこと**

レイアウトや色使いなど美しく見えるルールがあります。Wixの操作がわかっていても、なかなかプロの様に仕上がらない場合は見直してみましょう。

1 レイアウトを美しく見せる4つの原則

まずはレイアウトを美しく見せる基本的な方法「整列」・「近接」・「コントラスト」・「反復」を覚えましょう。

Step 01 「整列」と「近接」とは

「整列」は目に見えない線を意識してレイアウトを行います。線は縦、横に走らせ、線にあわせてアイテムを配置していきます。線を基準に上下左右、中央に揃えることで見やすくなります。また「近接」とは、情報の性質が近いものを一塊のグループにして配置を考えます。

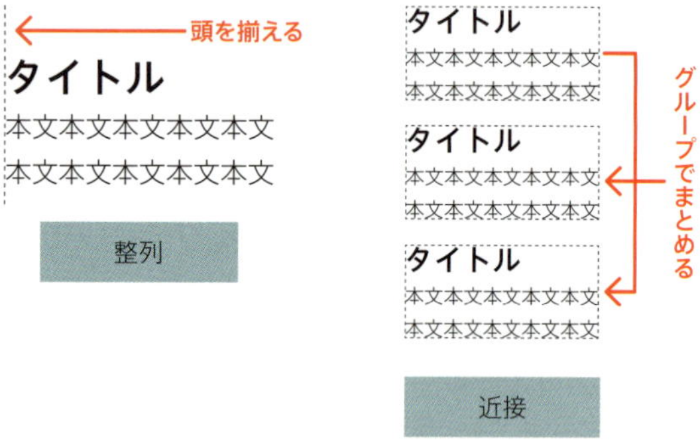

← 頭を揃える

タイトル
本文本文本文本文本文
本文本文本文本文本文

整列

タイトル
本文本文本文本文本文
本文本文本文本文本文

タイトル
本文本文本文本文本文
本文本文本文本文本文

タイトル
本文本文本文本文本文
本文本文本文本文本文

グループでまとめる

近接

Step 02 Wixエディタで「整列」と「近接」をする場合

[Ctrl]キーを押しながら複数選択を行い、ツールバーの配置をクリックして上下左右、縦横中央を整列されます。また個別にアイテムを移動させる場合は他アイテムに揃うとピンクのラインが出現するので整列、近接に活用しましょう。

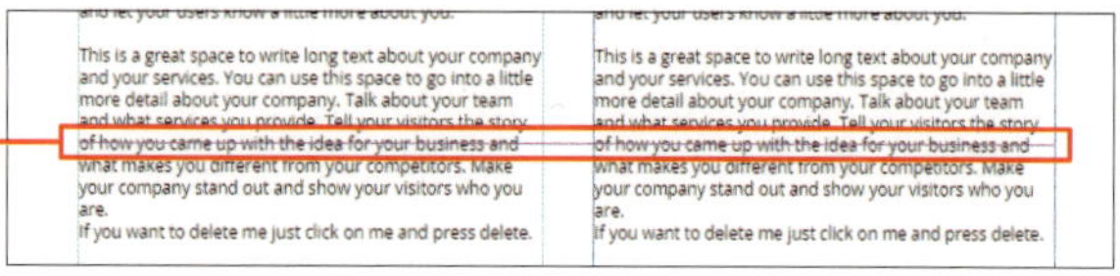

複数選択　レイアウト調整

2つのアイテムが揃うとピンクのラインが表示されます

Step
03 「コントラスト」を意識して
伝わるデザインにする

　コントラストとは色やサイズなどの「差異」を指します。背景とテキストの色に差をつけることで読みやすいデザインになりますし、強調したいテキストは大きさに差異をつけることで読み手に伝わりやすくなります。

Step
04 「反復」で統一感を出す

　「反復」で特に注意したいのが色とフォントの種類です。色もフォントも、あらかじめ決めて繰返し使うことで統一感が出てリズム良く読み進めることができます。使用する色とフォントの種類の数を絞りましょう。

Column

初心者が陥る「センス」という言葉

　「デザインに自信が無い」、「デザインセンスが無い」などデザインは「センス」と捉えられて先天的なものと思われがちですが、ご紹介した「整列」「近接」「反復」「コントラスト」を守ってサイト制作を行うだけで読み手にとって見やすいデザインになります。デザインもしっかり勉強していくと「見やすい」から「伝わる」ものへと昇華しますので、まずはこの4つの原則をしっかりと見直してください。

　現時点においてデザインに自信がないという方も、あきらめずにデザインについて学ぶことが大切です。

より見やすく、美しくサイトをデザインする　　071

2 色を制して デザインを制す

各色が様々な意味を持っているので、「かっこよく見せたい」、「高級感を演出したい」、「可愛く見せたい」、「誠実さを演出したい」、など目的にあわせて色を選びます。

Step 01 デザイン初心者は色数を絞る

サイトに統一感をもたせ見やすくするためには、あらかじめサイトで使用する色を決めておきます。無限にある中から色を選ぶのは大変な作業なので、組合せの中から選ぶよう心がけましょう。

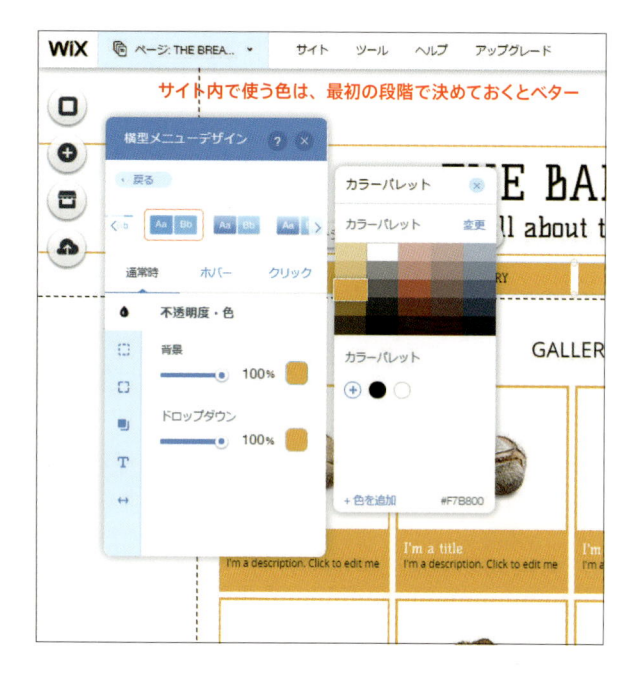

サイト内で使う色は、最初の段階で決めておくとベター

Step 02 Wixで色数を絞る

パーツを選択し、デザインをクリック。色を変更するカラーパレットを開き、「変更」をクリックするとプリセットから選択するか、各色をHEXなどのカラーコードで変更することも可能です。変更したカラーパレットに限定して編集を行います。

現状で設定されているカラーパレット　　Wixがあらかじめ用意しているカラーパレット

Step
03 「反復」で統一感を出す

「反復」で特に注意したいのが色とフォントの種類です。色もフォントも、あらかじめ決めて繰返し使うことで統一感がでてリズム良く読み進めることができます。使用する色とフォントの種類の数を絞りましょう。

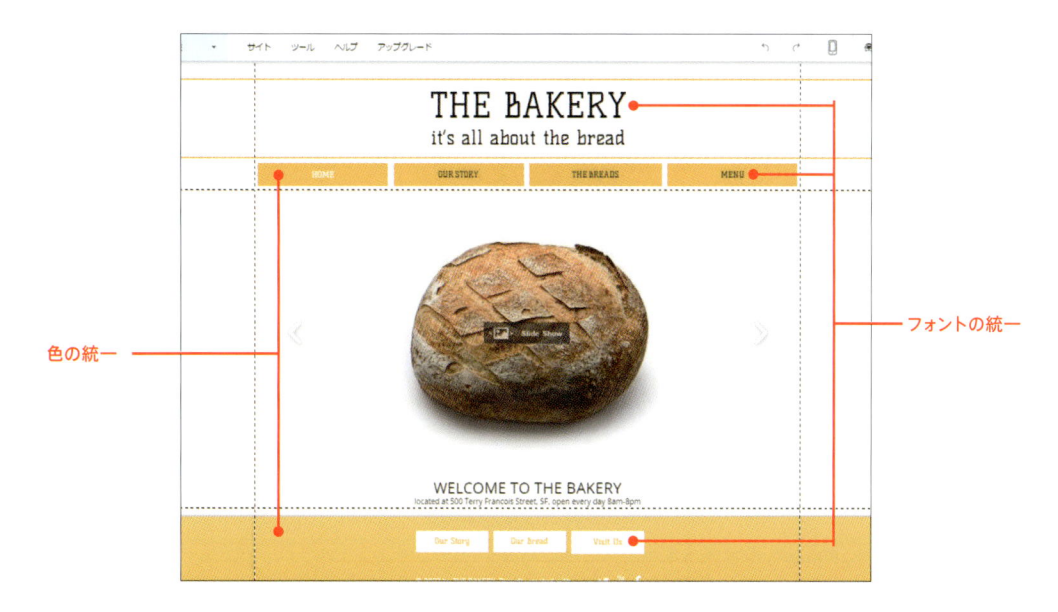

色の統一

フォントの統一

Step
04 Wixでフォントの反復を設定

テキストを選択し、テキスト設定を開き適用させたい「スタイル」を選択してフォントやサイズ、色を編集後「スタイルを保存」をクリックします。変更した「スタイル」を他のテキストにも適応させ反復します。

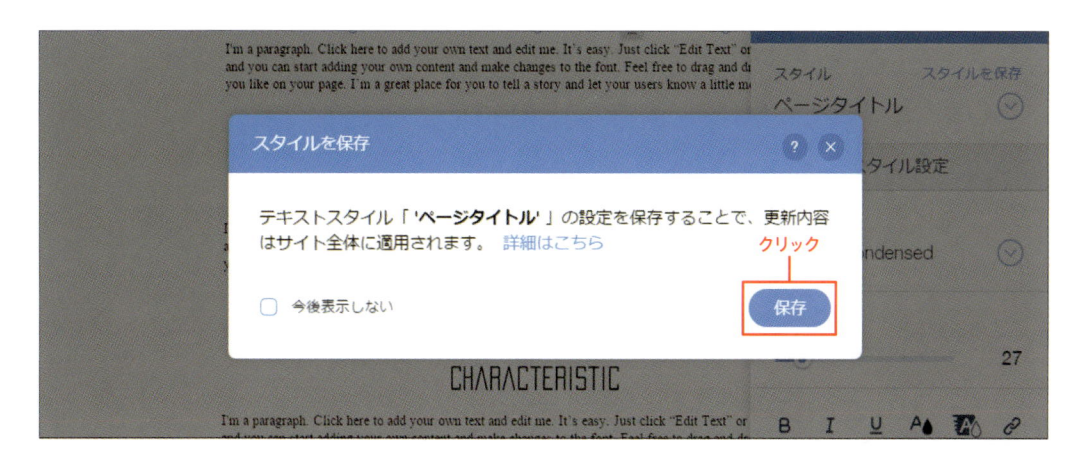

クリック

より見やすく、美しくサイトをデザインする　　073

Chapter 3 ● ワンランク上のサイトを目指す

Day 2

画像の種類と使い方

✓ ここで学ぶこと

ホームページの構成要素としてメインとなる画像の取り扱いも少しのルールを知っておくだけで、読込速度や見た目の美しさが変わります。

1 拡張子の種類と使い方

ウェブサイトで表示できるjpeg、png、gif、などの画像データは用途によって使い分けられます。それぞれの特徴を理解して適切な編集を心がけましょう。

Step 01 画像データの拡張子

jpeg… 色数の多い写真向きの形式でハッキリした画には向かない
gif…… 色数の少ないハッキリしたものに向いている（アニメーションも利用できる）
png…… gifの拡張版で、透過処理が可能

Step 02 サイズと解像度と容量

　ウェブサイトは閲覧するモニターのサイズによって表示される大きさが変わるため一般的な大きさを表すセンチやミリなどの単位で表現することができません。ウェブ上でのサイズはピクセルという単位で表します。画像はドット（点）の集合で構成されていますが、その密度を解像度と言います。また、一般的にサイズが大きく、解像度が高ければ容量（ファイルサイズ）は大きくなります。

! Point!

まだまだある画像にまつわる拡張子

Windowsの画像標準形式であるbmp、グラフィックツールであるIllustratorの主な拡張子が.ai、.eps、写真編集ツールであるPhotoshopで利用されるのが.psd、ウェブ用グラフィックツールFireWorksで利用されるのが.fw.pngなど画像のファイル形式は様々です。編集の工程やツールの仕様で保存形式は異なりますが、Wixサイトで使用されるものは前述したjpeg、gif、pngの3種類と覚えておきましょう。

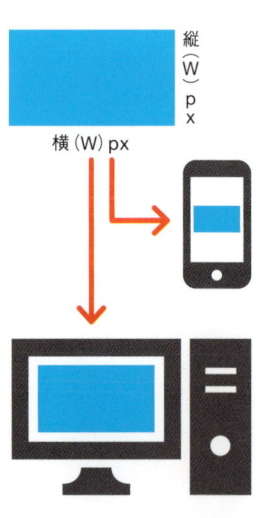

縦（W）px
横（W）px

同じピクセル（px）でも端末によって見え方のサイズは変わる

Step 03 画像とページの適正サイズ

ウェブページの1ページの目安を1MB=1024KBとした場合、ページを構成する画像やテキストなどのファイルサイズの合計値がこれを目指す形になります。テキストは1文字がせいぜい3バイトなので仮に10,000文字あったとしても30KBで、ほとんど影響はありません。ページ内の文字数は気にせず、画像の容量に注視しながらページサイズを調整しましょう。

300KBの写真
100KBのイラスト
0.1KBのテキスト

サイトのサイズを計算　300KB＋100KB＋0.1KB＝400.1KB

2　Wixで画像を編集

Wixには画像編集機能がついています。

Step 01 編集画面を開く

いくつかの方法で編集画面を開くことが可能です。設置された画像をクリックして「画像を編集」をクリックするか、アップロードボタンの画像で「画像の管理」画面でオンマウスしたときに表示される「画像編集」ボタンをクリックすると画像編集エディタが開きます。

画像編集ボタン

Step 02 編集画面の操作

編集画面で「切り抜き」や「フィルタ」などの各種操作を行った後、保存ボタンをクリックするとオリジナルは残った状態で、編集したものが別にコピーとしてマイイメージ内に保存されます。

画像編集エディタでできること

- 切り抜き
- 向き
- 強調
- フィルタ
- フレーム
- 明るさ
- 強弱
- 彩度
- 暖かさ
- フォーカス
- 鮮明度
- ドロー
- 赤目補正
- 美白
- 傷補正
- スタンプ
- テキスト

画像の種類と使い方　　075

3　画像系のアプリ

画像をオンマウスで特徴的な動きをさせるアプリや、画像を回転させたりなどアプリでも用意されています。

Step 01　オンマウスで画像が動く「Rollover」

　Rolloverはオンマウスした場合に画像を動かすアプリです。アクションの種類は多数用意されていますが、動き方によってはアップグレードが必要です。

画像が動いた

Step 02　製品を回転して見せる「RotaryView」

　RotaryViewは画像をくるくると回転させて見せるアプリです。360°で見せてマウスで自由に回転できるので製品を効果的にアピールできます。

画像が回転する

4 | ギャラリーの活用

複数の画像をまとめて表示できるギャラリーですが、タイトルを表示してメニュー表などの一覧としても活用できます。

Step 01 ギャラリーの追加

「追加」ボタンの「ギャラリー」からグリッドを選択します。追加されたギャラリーを選択して「デザインを変更」から他のギャラリーにも変更可能です。

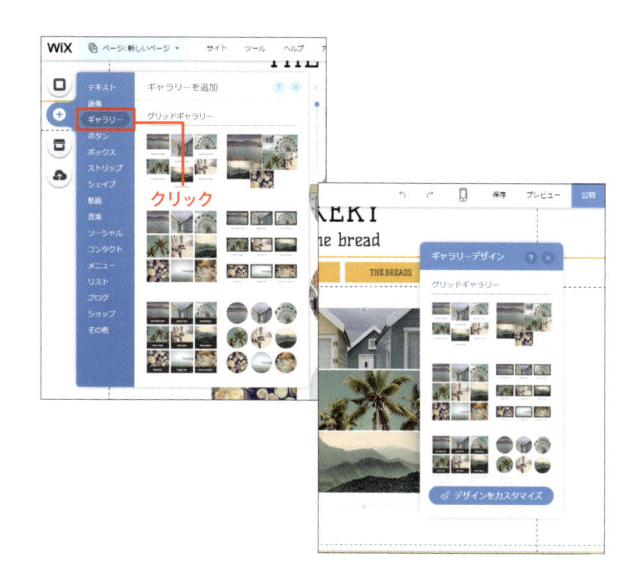

Step 02 ギャラリーの画像やタイトルを管理

追加されたギャラリーをクリックして「画像の追加・管理」を開くと、画像の入れ替えを行えるだけでなく、タイトルや詳細、リンクを設定できます。タイトルなどは一部の種類のギャラリーで表示され、「設定」で表示方法を変更できます。

Step 03 ギャラリーのレイアウト

ギャラリーを選択して「レイアウト」をクリックします。列や行を設定できます。表示しきれない画像は「もっと見る」で展開します。ギャラリーの種類によってはレイアウトのボタン自体が表示されません。

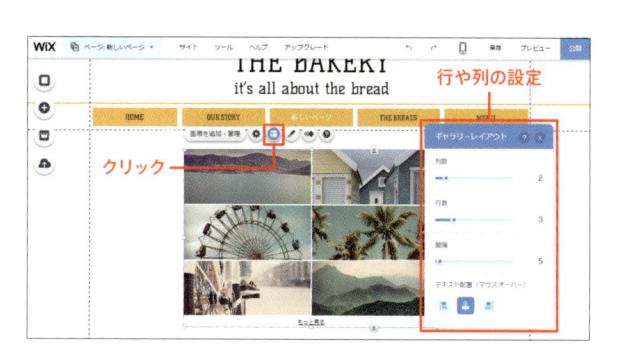

画像の種類と使い方　077

Chapter 3 ● ワンランク上のサイトを目指す

Day 3

Wixプレミアムプランでワンランク上のサイトを目指す

✓ ここで学ぶこと

制作から公開まで完全無料で運用できるWixですが、月々1000円程で独自ドメインや広告の非表示が可能です。ビジネスで利用する場合にはアクセス解析や信頼度が向上しますので是非実践してみましょう。

1 プレミアムプランの種類とメリット

プレミアムプランは4種類用意されています。それぞれ目的に合わせて選びます。
http://ja.wix.com/upgrade/website

Step 01 プレミアムプランの種類

ドメイン接続
　…主に独自ドメインを利用する場合に選択
コンボ
　…個人向けのプラン
無制限
　…ビジネス・企業けのプラン
e-コマース
　…Wixでネットショップを開設する場合

Step 02 プレミアムプランのメリット

　どのプランも独自ドメインの利用が可能なのでビジネス上での信頼を得られ、Google Analyticsによるアクセス解析が可能になります。ドメイン接続以外のプランでは右上と下の広告が削除されます。また、Wixでネットショップを開設する場合はe-コマースプランが必須です。

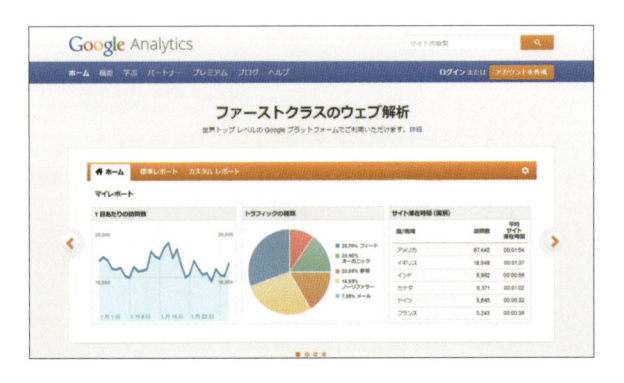

Step
03 ストレージと帯域幅とは

　ウェブサイトに配置する写真やテキスト、動画や音楽などを保存できる容量をストレージと言い、通信速度のことを帯域幅と言い高いほど速くなります。いずれもプランにより異なります。最近追加された動画背景など容量の大きいデータを保管し、ストレスなく表示させたい場合は「無制限」など上位プランを選択しておきましょう。

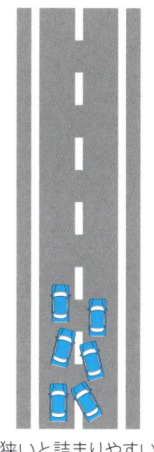

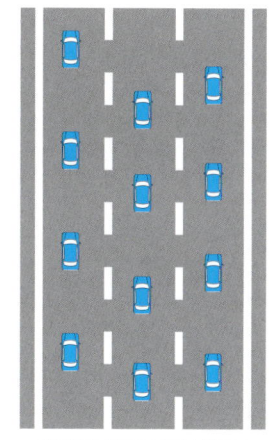

狭いと詰まりやすい　　　帯域幅が広いと通りが良い

Point!

Wixは表示速度が遅いのか？

　特にモバイルでは「Wixは表示速度が遅い」と評価されることがありますが、最近は無料プランでも改善傾向にあり、プレミアムプランでは高い帯域幅を確保できるため更に表示は速くなります。気になる方はGoogle Analyticsを使用するとサイトの速度、ページ速度を計測することが可能です。更にGoogle Developersで改善の提案も確認するこができます。

Step
04 おすすめは無制限プラン

　ネットショップを開設したい方はeコマースプランを選択する必要がありますが、販売を目的としないブランディングやコーポレートサイトをビジネスとして行う場合は広告、ドメイン、表示速度などの観点から「無制限プラン」がおすすめです。

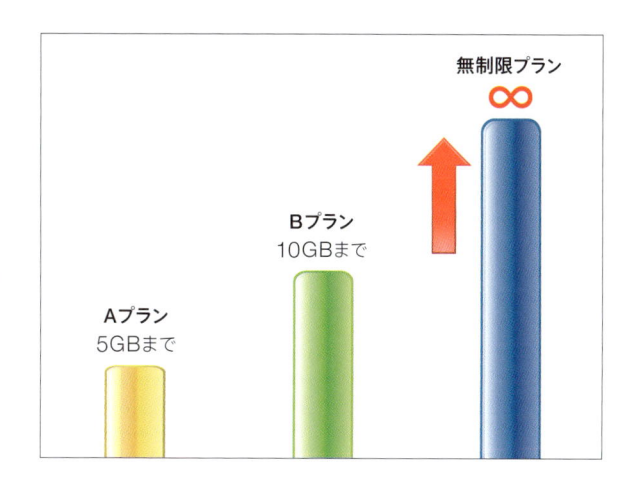

Aプラン 5GBまで　　Bプラン 10GBまで　　無制限プラン ∞

2 | プレミアムプランへアップグレードの方法

前ページでご紹介した「無制限プラン」へのアップグレードの方法について解説していきます。
http://ja.wix.com/upgrade/website

Step 01 プランを選択

プランを選択したら「今すぐ購入」のボタンをクリックします。つづいてアップグレードさせるサイトを選択します（サイト選択済みの場合この画面は表示されません）。後からサイト選択を変更は可能ですが、アップグレードを他のアカウントに移動させることはできません。

Step 02 クレジットカードで購入

クレジットカード情報の入力画面で必要情報を入力し、「購入する」をクリックすれば購入完了です。

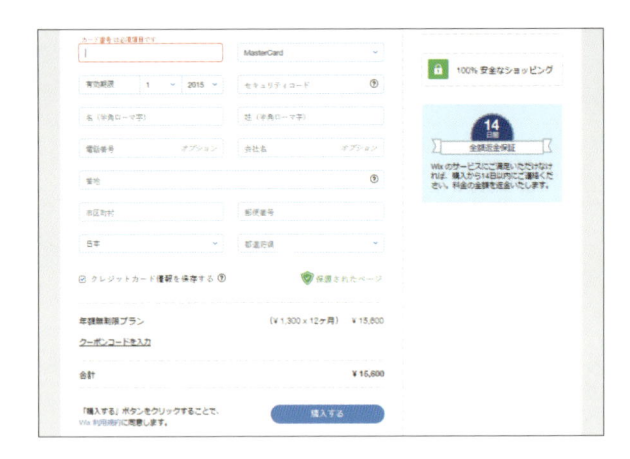

Step 03 請求払いでの購入

請求払いでの購入を希望する場合はソフトバンクC&S社のWix特設サイトから購入が可能です。プリペイドコードを取得してアップグレードの手続きを行います。

https://www.marketingbank.jp/wix/

3 | プレミアムプランの管理

複数のサイトをアップグレードした場合やサイトの紐づけを変更する場合など、プレミアムプランを管理します。
https://premium.wix.com/wix/api/billingConsole

Step 01 プレミアムプランの管理画面

マイサイトの画面上部「プレミアム」>「プレミアムプラン」から管理画面を開きます。アップグレードするサイトの移行や解除、現在のプランから上位プランへ変更が行えます。

Step 02 自動更新の設定変更

プレミアムプランの画面のお支払いの項目の「管理」をクリックすると、次回更新日の自動更新をキャンセル、支払いの明細を出力、支払い方法の変更をすることができます。

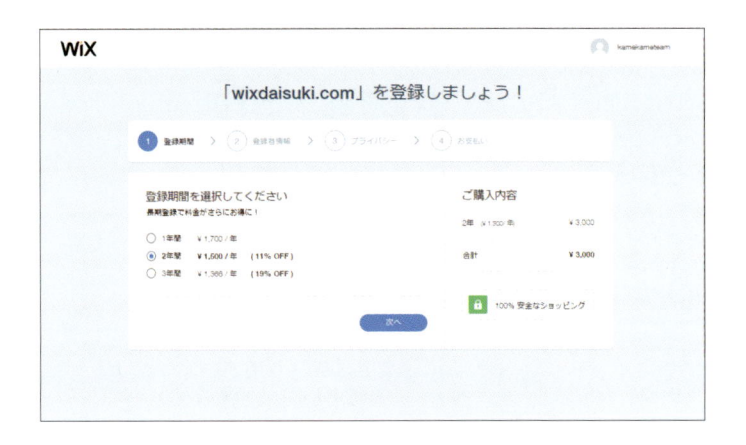

Chapter 3 ● ワンランク上のサイトを目指す

Day 4

独自ドメインを利用してブランド価値を高める

✓ ここで学ぶこと

前項でご紹介したプレミアムプランで独自ドメインが利用可能です。ビジネスに信頼感を与え、ブランド価値を向上させるだけでなく、ユーザーの覚えやすさやSEOにも効果があるとされています。

1 Wixでの独自ドメインの取得と接続

独自ドメインの取得方法はWix公式サイトから、または外部の「お名前.com」や「ムームードメイン」などのレジストラで取得可能です。接続する方法はそれぞれ異なります。

Step 01 年額プラン申込→無料クーポンで取得すると簡単

　独自ドメインの使用はアップグレードが前提条件となりますが、年額プランを購入した場合は1年間の無料クーポンが利用できます（「ドメイン接続」以外のプラン）。プレミアムプランを購入した場合は、購入画面からその流れのまま独自ドメインを選択、接続できるので比較的簡単です。

　Wixでドメインのみの購入の場合、プレミアムプランの手続き完了後は次のURLにアクセスします。https://premium.wix.com/wix/api/domainConsole#GetItOther

Step 02 登録期間の選択から登録者情報の入力

　登録期間は1年〜3年を選択します。年額払いプレミアムプラン無料クーポン利用の場合は1年ですのでその差額を請求されます。登録者情報では管理者と技術担当と管理担当をそれぞれ設定します。

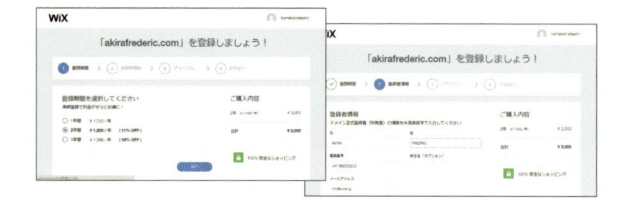

! Point!

無料ドメインと独自ドメインの違い

無料プランではURLがhttp://www.アカウント名.wix.com/サイト名となり長くなってしまうのに対し、独自ドメインではhttp://www.○○○.comと簡潔で分かりやすくなります。また、独自ドメインはメールアドレスにも使用できますので、ビジネスの信頼感につながります。

Step 03 プライベートドメインとパブリックドメイン

ドメインとはインターネット上での住所の様な役割を果たしますが、先に登録した登録者情報はドメインから逆引きで誰でも検索・閲覧することが可能です。そのため、メールアドレスにはスパムメールが届いたりと面倒なのでプライベートドメインは公開する情報をWixが肩代わりしてくれます。その反対にパブリックドメインでは登録情報が公開されます。

ここまで終われば後は支払い情報を入力して完了です。

2 他社で取得した独自ドメインの接続

.jpや.co.jpなどのドメインは他社からの取得が必要です。ここでは他社で取得したドメインをネームサーバーで接続する方法についてご紹介します。

Step 01 他社でのドメイン取得

まずはお名前.comやムームードメインなどWix以外のドメインレジストラでドメインを取得します。取得方法はサポートでそれぞれ確認してください。

お名前.com
http://www.onamae.com/
ムームードメイン
https://muumuu-domain.com/

Step 02 他社取得ドメインの接続

Wixのダッシュボードで「他社で取得ドメインの接続」の画面へ移動します。
https://premium.wix.com/wix/api/domainConnect?domainName=

ドメイン移管とは管理するレジストラを変更することです。（移管は価格や支払い先の管理が主な理由）ここでは「ドメインを移管せずにWixサイトへ接続」します。

Step
03　Wix側でのセットアップ

　Wix側では接続したい他社取得ドメインをwww.に続けて入力します。接続したいWixサイトを選択し、ドメインレジストラを選択します。表示される手順に沿ってレジストラ側での設定を行いますが、日本のレジストラではほとんどの場合「その他」となりネームサーバーの情報を書き留めておき、レジストラごとにネームサーバーの設定を行います。

3　ドメインの移管

他社で取得したドメインはWixへ移管して管理することができます。公開済みサイトのドメイン移管では必ず一定の利用不可期間が発生するため慎重に行う必要があります。

Step
01　ドメイン移管のチェック項目

　移管前に移管元でのオースコードの取得を含む、以下の6項目をクリアしてから手続きを行います。

画像編集エディタでできること

❶ .com、.org、.biz、.net、.infoドメインであること
❷ ドメインの「プライバシーの保護」を「オフ」にする
❸ ドメインの「レジストラロック」は解除する
❹ 現在のレジストラに登録した「ドメイン登録者／管理者」の「連絡先メールアドレス」が正しい
❺ ドメイン名の取得日または前回の移管日から、60日以上が経過
❻ 認証コード(オースコード)を取得

Step
02 ドメイン移管の手順①

ドメイン管理画面へ移動します。
https://premium.wix.com/wix/api/domainConnect?domainName=
　移管するドメインを入力し、次に事前にドメインレジストラで取得した認証コード（オースコード）を入力します。

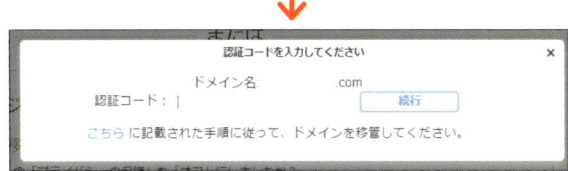

Step
03 ドメイン移管の手順②

　登録期間を選択し、登録者情報を入力、「プライベート登録（おすすめ）」または「パブリック登録」のいずれかを選択し「購入する」をクリックします。
　「サイトを選択」をクリックし、新しいドメインを Wix サイトに接続します。

> Hint!

ドメイン移管時の注意

移管するドメインの登録設定は、前レジストラとの契約が切れるまで継続されます。また、ドメイン取得時に選択したプライベート設定は、後で変更することはできませんのでご注意ください。
ドメインが正常に移管された後も、以前ドメイン名が接続されていたサイトにアクセスする可能性がありますが通常数日で自然に修正されます。ルーター／ブラウザーによっても同様の現象が起こりますので「ブラウザのキャッシュを消去」もしくは、「DNS のキャッシュを消去」してください。

独自ドメインを利用してブランド価値を高める　085

Chapter 3 ● ワンランク上のサイトを目指す

Day 5

カスタムメールアドレスの取得を利用する

✓ ここで学ぶこと

○○○.comの場合、□□□@○○○.comのカタチでカスタムメールアドレスを作成できます。取得した独自ドメインを利用したメールアドレスを作成し、ビジネスに利用しましょう。

1 Google Appsを利用したメールアドレスの作成

Wixの管理画面からGoogle Appsメールアドレスは簡単に作成できます。メールアドレスの取得には事前にドメインの登録が必要です。

Step 01 ドメインの選択

URLにアクセスします（https://premium.wix.com/wix/api/googleMailBoxConsole）。

あらかじめ登録されたドメインを選択し、アカウント数と支払いプランを選択します。アカウント数とは□□□@○○○.comの場合、□□□の部分を変えて作成する数を言います。次に支払い情報を入力して購入します。

Step 02 カスタムメールアドレスの設定をする

「メインのメールアドレス」は、メールアカウントの管理者用メールアドレスです。ユーザー名とパスワードを入力します。複数のアカウントを登録する場合は空欄の項目欄をクリックし、他のメールアドレス情報を追加。ユーザーアカウントのメールアドレス情報を入力します。「次へ」をクリックします。

Step
03 連絡先情報を確認する

「連絡先情報を確認する」画面で、情報を変更または追加します。電話番号は「00＋（国番号）（市外局番）（電話番号）」の形式で入力します。「アカウントを作成」をクリックして完了です。

Step
04 Gメールの利用

プレミアム管理のメールアカウントから「メールアカウントにログイン」をクリックし、設定したユーザー名とパスワードを入力してログインします。メールを送信する場合は左上の「作成」ボタンから、受信メールの詳細を閲覧したい場合は表示されている件名をクリックします。その他詳しい操作については右上の「設定」ボタンからヘルプを参照してください。

カスタムメールアドレスの取得を利用する　087

2 レンタルサーバーを利用したメールアドレスの作成

コストを抑えて運用するにはレンタルサーバーを活用する方法があります。ここではWixで取得したドメインをさくらメールボックスで利用した場合の設定について解説します。

Step 01 さくらメールボックスの申込

さくらメールボックスへアクセスします（http://www.sakura.ne.jp/mail/）。

さくらメールボックスへの申込を行います。初回利用時にはお試し期間2週間を経過して本申込の手続きを行います。

※申込直後はサーバー設定など以下の手順がすぐに行えません。さくらインターネットからの登録完了通知を待って進めてください。

Step 02 コントロールパネルからドメインを追加

サーバーコントロールパネルへアクセスします（https://secure.sakura.ad.jp/rscontrol/）。「ドメイン設定」の「新しいドメインの追加」から任意のドメインを追加します（Wixで取得したドメインの場合は「他社で取得したドメインを移管せずに使う・属性型JPドメインを使う（さくら管理も含む）」から追加）。

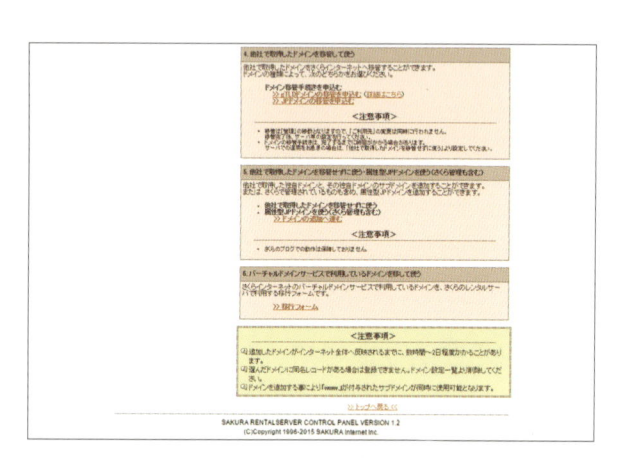

Step 03 コントロールパネルからメールアドレスを追加

続けて「メールアドレスの管理」からメールアドレスを追加します。@より前の部分を変えて、メールアドレスは無制限に作成することが可能です。

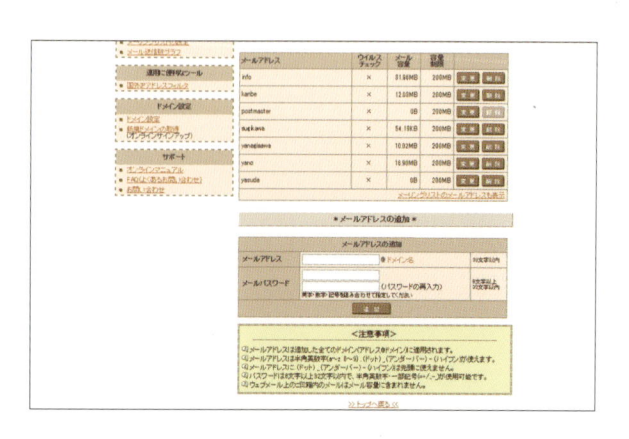

Step
04 Wixダッシュボードでの設定

　Wixのダッシュボードから「ドメイン」の画面へアクセスします（https://premium.wix.com/wix/api/domainConsole）。ドメイン一覧の「管理」をクリックします。
　メール (MXレコード):の「更新」をクリック。メールプロバイダーの選択で「あり」、「その他」を選択し、MX レコード (重要度=10): に、さくらメールボックスの初期ドメイン（○○○.sakura.ne.jp）を入力して保存します。

Step
05 ウェブメールの設定

　左側「設定」の「基本設定」のタブで末尾がsakura.ne.jpが初期設定されていますので、追加したドメインのアドレスに変更して。メールアドレスを選択し「このドメインをデフォルトにする」にチェックして「OK」で閉じます。

Step
06 送受信のテスト

　ウェブメール画面の「新規」をクリックし、宛先に自分のアドレスを入れて送受信テストをしてみましょう。

※送受信が可能になるまで設定後数時間かかる場合があります。

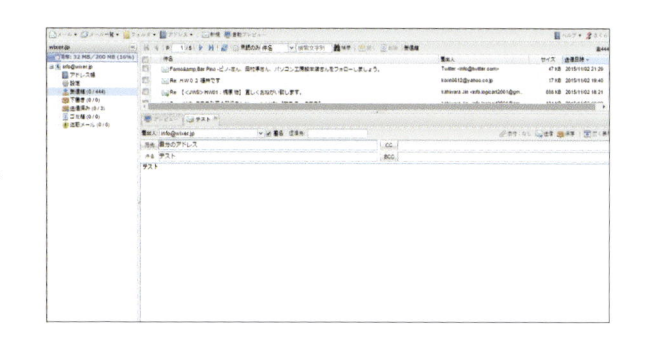

> Hint!

メールサーバーの理解

　Wixでサイト制作は比較的簡単に行えるものの、ドメインやメールサーバーの設定でつまずくことがあります。ウェブサーバーを含め、インターネットの仕組みについて体系的に理解をしていると、やるべきことが分かりやすくなります。総務省が公開している「国民のための情報セキュリティサイト（http://www.soumu.go.jp/main_sosiki/joho_tsusin/security/basic/service/index.html）」でインターネットの仕組みをわかりやすく解説しているので参考にしてください。

Q&A

Wixでメールを使う場合、Google Appsとレンタルサーバーどっちがいい？

　Wixサイトとの連携、設定の簡易さをとればWix経由でGoogle Appsを利用することをお進めします。Google Appsは1アカウントあたり4.95ドル、さくらのメールボックスは年額で1,029円かかるため複数のメールアカウントを利用し、コストを重視する場合はレンタルサーバーでの運用が安く上がります。しかし、Google Appsはメール以外の機能が多彩で、クラウド型のファイルストレージGoogle Driveや連携したGoogleドキュメント・スプレットシート・スライド・カレンダーなどビジネスに役立つ機能も用意されています。アカウントの管理機能を含め、クラウドワーキングを容易に、業務を効率化するための投資と捉えればGoogle Appsはとても便利なツールです。

Chapter 3 ● ワンランク上のサイトを目指す

Day 6

ユーザーにストレスなく軽快にサイトを表示する

ここで学ぶこと

サイトにアクセスしてから表示されるまでの表示速度は遅いとユーザーにストレスを与え、離脱させてしまいます。またGoogleなどの検索エンジンの評価、SEOにも影響します。表示速度を意識したサイト制作を行いましょう。

1 表示速度を評価

体感的に表示が速い、遅いという判断はデバイスや通信環境によって異なるため、まずはGoogle Analyticsを使って表示速度の客観的な評価を確認します。

※Google AnalyticsはWixプレミアムプランでのみ利用可能です。Google Analyticsの設定方法はP.154で解説しています。

Step 01 Google Analyticsでレポートの確認

Google Analyticsへアクセスします（http://www.google.co.jp/intl/ja/analytics/）。ログインし、任意のサイトの「レポート」を確認します。「行動」＞「サイトの速度」＞「サマリー」を開きます。

※サマリーで表示される結果のサンプリングはユーザーの1％程度ですので、公開後一定期間を経て充分なサンプル数を蓄積してから確認しましょう。

Step 02 平均読み込み時間の確認

Google Analytics画面右上の期間を適宜区切ります。「行動」の「サイトの速度」から「サマリー」でサイト全体の表示速度になる「平均読み込み時間」に着目します。この数値が今後の改善の目安となります。改善後はこの数値と比べて効果を測定していきます。

Step 03 ページ速度の確認

「行動」＞「サイト速度」＞「ページ速度」からページ別の表示速度が確認できます。「平均読み込み速度」をクリックして降順にし、表示速度を改善すべきページの優先順位をつけます。URL横のポップアップをクリックすると実際のページが別ウィンドウで開いて確認できます。

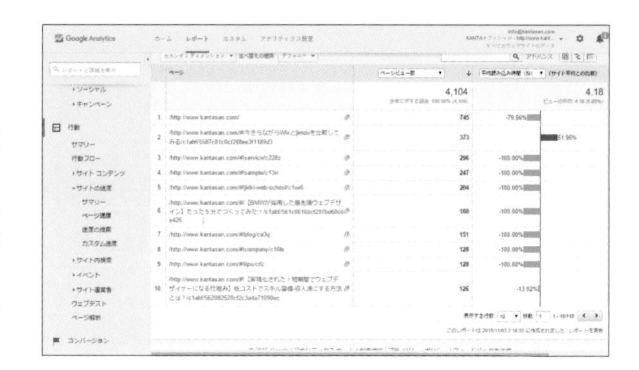

---

2 画像を適正化して表示速度を向上

Wixで扱える主な画像形式はjpeg、png、gifの3種類です。サイズを意識しつつ、それぞれの特性を生かして使い分けましょう。

Step 01 PNG画像の取り扱い

PNG画像は透過処理が可能で高画質ですが、重くなるのでサイトの読み込み時間に影響します。透過不要の画像などJPEGで代用できるところは変更しましょう。配置する場合はそのサイズを実際の表示サイズに一致させてAdobeのPhotoshopやFireworksなどの画像編集ソフトで最小限にしてください。

Step 02 JPEG画像の取り扱い

Wixで使用するのに最も適正なファイル形式ですので、これをメインに使用します。また、写真などの色数が多いものに適しており、JPEG画像は圧縮されていますがウェブで閲覧する場合、十分な画質を保つことができます。こちらもアップロードするサイズと配置サイズを一致させましょう。

Step
03　GIF画像の取り扱い

　主にアニメーション画像として使用します。他の画像同様にアップロードして配置すればWixサイトでも動作します。検索すればGIFアニメーションを生成できるフリーソフトも多数ありますのでトライしてみましょう。

> Hint!

Wixは15MB以下の画像を
自動圧縮してくれる!?

　サイトに画像をアップロードする際に、画質とサイト読み込み時間の両面を考慮し画像のサイズを調整しますが、画像が15MB以下の場合はWixが圧縮を行うため、アップロード前に画像を圧縮する必要はありません。またJPEG形式の場合は、Google ChromeとFire Foxのブラウザで有効なプログレッシブJPEGという荒い画像から徐々に精細に表示される仕組みで表示速度を改善しています。

3 コンテンツを見直して表示速度を向上

画像、テキスト、動画などコンテンツが増えれば読み込みに時間がかかるため、コンテンツ数の見直しや別ページに分散できるか、サイトの構造から見直してみましょう。

Step 01 コンテンツ数の見直し

　特定のページに多数のコンテンツ（画像・テキスト・動画など）が偏って配置されている場合、そのページの読み込み速度は、他のページに比べて遅くなっているはずです。改善のためにページを分割する、別ページへコンテンツを分散させるなど検討しましょう。

Step 02 ページ構造の見直し

　各ページも目的と内容を見直して情報を整理しましょう。ページの内容が重複しているものはまとめたり、縦に長く情報量の多いページはサブページを活用して2階層に分割してみましょう。サブページはメニューバーにオンマウスしたときのみ表示されるページです。

4 その他のファイルを適正化して表示速度を向上

読み込み速度が遅い場合、音楽やフォントなど画像以外のファイルが影響している可能性があります。これらも適正に処理しておきます。

Step 01 音楽ファイルを適正化

　MP3などの音声ファイルは可能な場合、自動再生機能をオフにします。また、再生時間当たりのビット数を示すビットレート128kbpsのファイルをアップロードします。音声ファイルのビットレートはオーディオ編集ソフトで変換することができます。

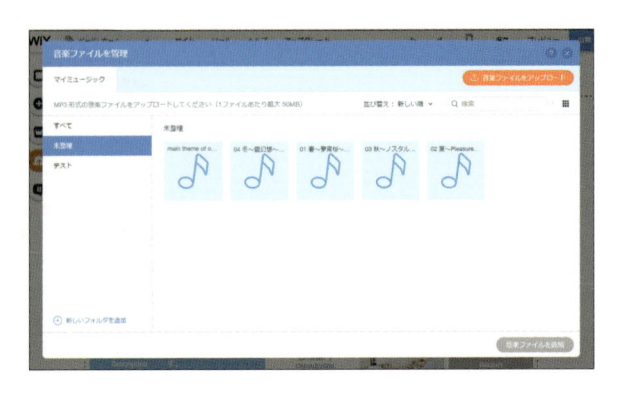

Step
02 フォントの種類を適正化

　テキストデータも文字フォントのデザインの複雑さに応じて重さが異なります。極力シンプルに使用する種類を3種類程度にし、色などの扱いも見直しましょう。

Step
03 HTMLアプリの見直し

　WixのHTMLアプリを使用すると外部コードを埋め込むことができますが、便利な反面これが表示遅延に影響している可能性があります。HTMLアプリも機能性と表示速度のバランスを判断して見直してみましょう。

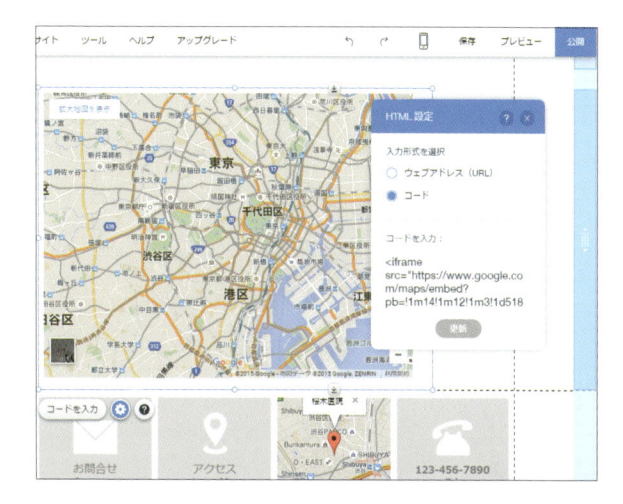

Step
04 動画の見直し

　YouTubeなどの動画埋め込みをしている場合も読み込み速度に影響します。自動再生にしている場合はさらに負荷がかかるため、必要かを見直しましょう。

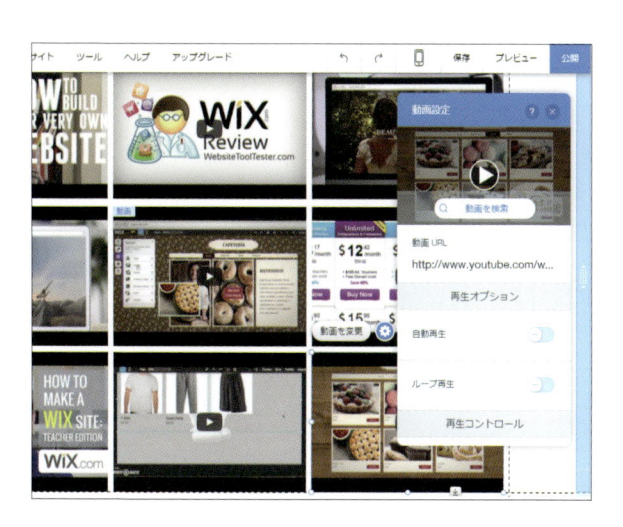

ユーザーにストレスなく軽快にサイトを表示する

5 アクセス集中時の表示速度を向上

アクセス集中時の表示速度を手っ取り早く改善する方法として、「無制限プラン」にアップグレードがあります。

Step 01 無制限プランへのアップグレードで帯域幅を改善

　無制限プランでの帯域幅（データ転送速度）は名前のとおり無制限です。帯域幅をパイプだと仮定すると、アクセスが集中した場合パイプの幅が狭いと詰まってしまいますが、幅が広いと通りが良くなります。高い帯域幅を用意するとアクセス集中時の表示速度に効果的です。アップグレードの方法はP.78で解説しています。

> **Hint!**
>
> **表示速度はWixが悪いのか？**
> **それとも閲覧者が悪いのか？**
>
> 　ここまでWix側で改善できる主な要素を挙げてきましたが、表示速度の問題は閲覧者側にも考えられます。インターネットの回線速度であったり、ブラウザの環境や、コンピュータ自体の速度が遅いなど。そのため「表示が遅い」と言ってもどこに原因があるかの適正な判断が必要です。
>
> 　例えば、光回線で高スペックなPC、推奨ブラウザ（Google Chrome）で閲覧して遅くないが、同じ回線で古いバージョンのブラウザの低スペックなPCで閲覧して遅い場合は「閲覧する端末の問題」であることが切り分けられます。
>
> 　本書ではGoogle Analyticsによるレポートの方法を挙げましたが、他に**WEBPAGETEST**（http://www.webpagetest.org/）などでWix側の客観的な表示速度を計測してどこに要因があるのかを切り分けましょう。

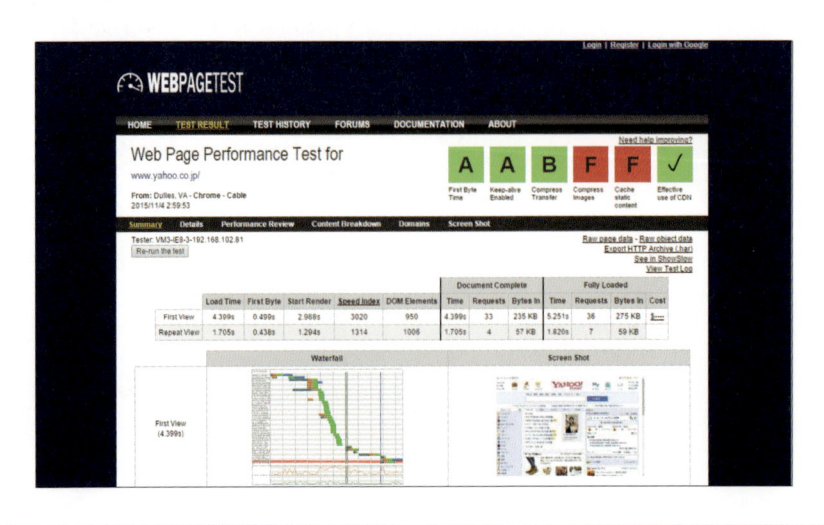

Chapter

4

更新してサイトを育てる

Day 1	サイト更新のポイント
Day 2	Wixブログで更新を簡単に
Day 3	SNSとサイトの連携
Day 4	動画コンテンツの活用

Chapter 4 ● 更新してサイトを育てる

Day 1

サイト更新の
ポイント

> ✓ **ここで学ぶこと**
>
> Wixでサイトの更新を行う場合、手順やいくつかのポイントがあります。作業効率を良くして更新頻度の高い運用と、SEO対策を視野に入れた更新を目指しましょう。

1 サイト更新の手順

手順を間違えると二度手間になってしまい、更新にかかる時間がかかってしまいます。Wixでの作業手順を確認します。

✓ PC版からスマホ版の編集手順

　WixではPC版エディタでアイテムを追加できますが、スマホ版では非表示のみ可能で追加はできません。そのため「PC版で更新」＞「スマホ版をレイアウト」の手順を守って編集しましょう。

098

2 | 更新時の チェックポイント

新規ページやアイテムを追加した際に、忘れずに確認しておきたい事項をまとめました。こちらを参考にして誤りや漏れの無い情報発信をしましょう。

Step 01　ページ追加したらページ名やSEO設定も更新

サイト更新時に新しいページを追加した場合、ページの設定からページ情報を、SEO（Google）のタブからページタイトルなどを更新しましょう。Googleプレビューからは検索時の表示を確認することができます。

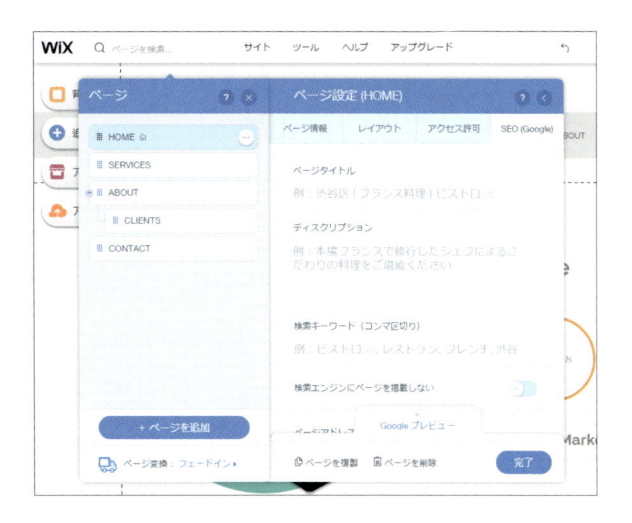

Step 02　メニューバーが「More」になっていないか確認

新たにページを追加した場合、メニューバーも連動してページ名を表示します（非表示設定とサブページの場合は表示なし）。メニューバーのサイズが小さい場合、後半部分をまとめて「More」と表示してしまいます。メニューそのもののサイズ調整するか、フォントサイズを調整して表示させましょう。

> **Hint!**
>
> **プレビューモードでの確認をくせづけましょう**
>
> Wixの操作に慣れてくると更新後に内容を確認せずに保存しサイトを公開してしまうため、プレビューモードでのテキストや画像など編集内容の最終確認を行うクセづけをしましょう。誤った情報を展開してしまうとユーザーの信頼を損なうだけでなく、内容によっては損失にもつながってしまう場合がありますので特にテキストの内容は充分な確認を行うようにしましょう。

Chapter 4 ● 更新してサイトを育てる

Day 2

Wixブログで更新を簡単に

✓ ここで学ぶこと

Wixブログを追加すれば日々の情報発信を簡単に、そしてサイトの情報量が増えることでのSEO対策にもなります。ブログ機能を活用してニュースフィードの設置も可能です。

1 ブログの追加と編集

Wixブログも簡単に追加可能です。ブログの管理・編集・下書き・公開の方法を解説していきます。

Step 01 ブログの追加

追加ボタンのブログからお好みのレイアウトを選択して設置します。各見出しが英語になっていますので以下の内容で理解、編集してください。

「Featured Posts」→「特集記事」
「Recent Posts」→「記事一覧」
「Archive」→「アーカイブ」
「Search By Tags」→「タグ検索」

※一覧をクリックしてブログの詳細を個別に表示する「記事ページ」も同様に編集しましょう。

Step 02 ブログの管理

ブログ記事をクリックして「ブログの管理」を開きます。あらかじめ3つの記事が入っていますので削除してから「新しい記事を作成」します。記事を上書きする場合はタイトルをクリックすると編集画面へ移行します。

Step 03 記事の編集

タイトル・日付・著者名を入力し、本文を編集します。テキスト以外にも上部の各種追加ボタンから画像や動画を追加できます。記事を分類する「タグ」を設定して「記事を公開」または「下書きとして保存」をします。

> **Hint!**

ちょっとわかりにくいブログの仕組み

追加したブログは一覧を表示させるための「ブログ」と、各記事を個別に表示させるための「記事ページ」に分類されています。それぞれデザインは独立していますので一覧のページと詳細のページでそれぞれ編集する必要があります。
「ブログ記事」ページへのアクセスはページ一覧＞「ブログ」の右側アイコンをクリック＞「記事ページ」で移動できます。

2 ブログの活用

ブログは日記としてだけでなく、ニュースフィードなどの定期更新を行うものとして活用できます。「新着記事」「アーカイブ」などのパーツも用意されています。

Step 01 ニュースフィードとしての利用

コーポレートサイトのトップページなどでよく見かける新着情報の一覧「ニュースフィード」を作成します。

ニュースフィード

Step 02 ブログパーツの追加

ブログパーツはブログ記事を追加すれば自動で更新されます。任意のページに「追加」＞「ブログ」から記事一覧や特集記事のブログパーツを追加しましょう。

Wixブログで更新を簡単に　101

Step
03 ブログパーツの設定

　追加したパーツを選択し、「設定」からタグによるフィルターや最大記事数などの設定が可能です。

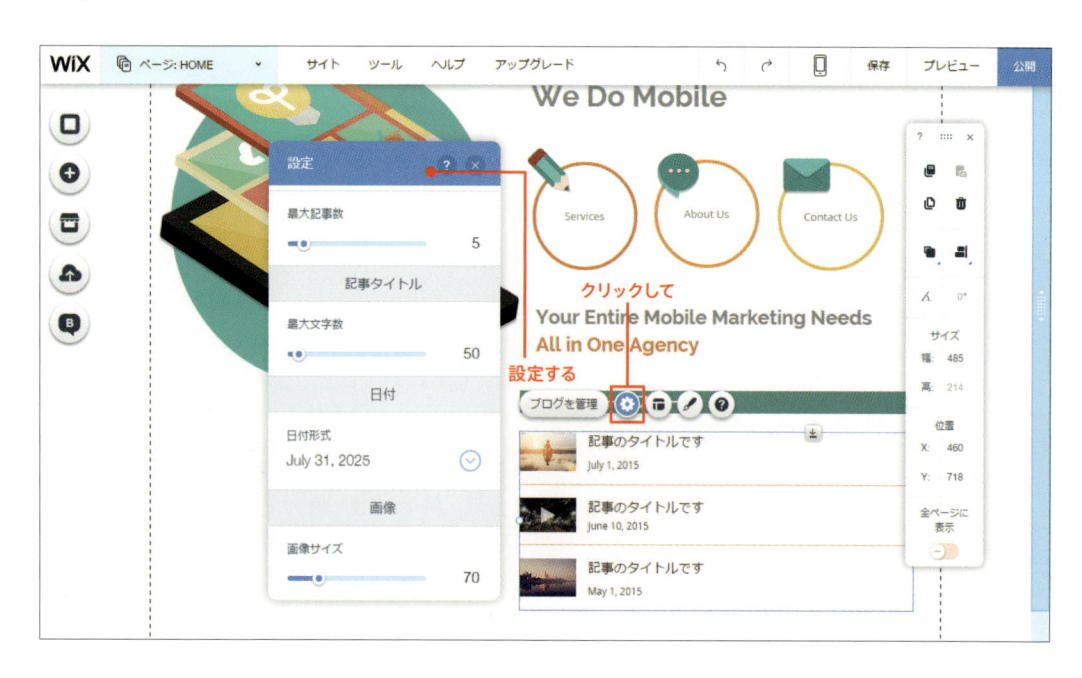

> Hint!

ブログの更新とSEOの関係

ブログページに追加されたテキストや画像などの情報は公開されれば、検索エンジンがクロールします。そしてブログ記事も検索エンジンでの検索結果に表示されるようになるため記事数が増えれば増えるほどSEO対策となる可能性があります。サイトの情報量も検索エンジンの評価対象となるため、ブログで簡単に記事を追加更新して情報量を増やしましょう。

3 ブログを SNS で拡散

拡散力のあるSNSとアーカイブとして過去記事へもアクセスが期待されるブログを組み合わせて情報発信を行います。

☑ SNSで記事を拡散

　編集画面ではなく、一般公開の状態で公開済みのブログ記事へアクセスします。下段にある各種SNSのボタンをクリックするとSNSのログイン画面がポップアップして簡単にブログ記事をSNSで公開することができます。SNSボタンの追加については次ページ以降を参照してください。

いずれかをクリック

> **Hint!**
>
> **タグを活用して情報を仕分け**
>
> 当協会のオフィシャルサイトもWixで制作されています（http://www.wixer.jp/）が、当サイトでもブログを設置し、トップページでニュースリリースとセミナー関連の情報を新着順に表示しています。記事一覧のパーツに特定のタグを設定することで情報を仕分けています。タグと特集記事をうまく活用してサイト更新をユーザーにアピールしましょう。

Wixブログで更新を簡単に　　103

Chapter 4 ● 更新してサイトを育てる

Day 3

SNSと
サイトの連携

> ✓ **ここで学ぶこと**
>
> SNSの連携はアクセス数の向上に有効です。WixサイトとFacebook、Twitter、InstagramなどSNSの連携方法について解説していきます。

1 Facebookの連携

Facebookは世界で最もユーザー数が多いソーシャルメディアです。企業やブランドのアカウントを開設してWixサイトと連携をさせましょう。

Step 01 Facebookページの作成

必要事項を登録し、ビジネスアカウントに該当するFacebookページを準備します（https://www.facebook.com/pages/create/?ref_type=logout_gear）。

Step 02 SNSの設定

Wixエディタで「サイト設定」の「ソーシャル」設定でFacebookの設定が可能です。プロフィール画像を登録し、ユーザーネームの設定はFacebookページのURLを入力してください。

Step
03 Facebookいいね！ボタンの追加

「追加メニュー」の「ソーシャル」から「Facebookいいね！」ボタンを追加します。

Step
04 Facebookコメントの追加

「追加メニュー」の「ソーシャル」から「Facebookコメント」を追加します。

2 Twitterの連携

Twitterは国内での利用率が高いソーシャルメディアです。企業やブランドのアカウントを開設してWixサイトと連携をさせましょう。

Step
01 Twitterアカウントの作成

はじめに自身のビジネス用Twitterアカウントを作成します（https://twitter.com/signup）。

SNSとサイトの連携　105

Step
02　Twitterツイートボタンの追加

「追加メニュー」＞「ソーシャル」から「Twitterツイート」ボタンを追加し、クリックして「Twitterアカウント設定」でTwitterユーザー名を登録します。

Step
03　Twitterフォローボタンの追加

「追加メニュー」＞「ソーシャル」から「Twitterフォロー」ボタンを追加し、クリックして「Twitterアカウント設定」でTwitterユーザー名を登録します。

3 | その他のSNS

WixではGoogle+、YouTube、Pinterest、InstagramなどのSNSをカバーしています。多数のSNSを活用して更に連携を行いましょう。

Step 01 ソーシャルバーの追加

「追加メニュー」＞「ソーシャル」で「ソーシャルバー」を追加します。クリックして「ソーシャルリンクを設定」でアイコンを選択し、ソーシャルアカウントへのリンクを設定してください。リンク先のURLは各SNSから取得します。

Step 02 Social Media Streamの追加

「追加メニュー」＞「ソーシャル」で関連アプリから「Social Media Stream」を追加します。クリックして「設定」で各SNSアイコンをクリックして追加していきます。レイアウトやデザインを変更して公開すると複数のSNSをまとめて表示させることができます。

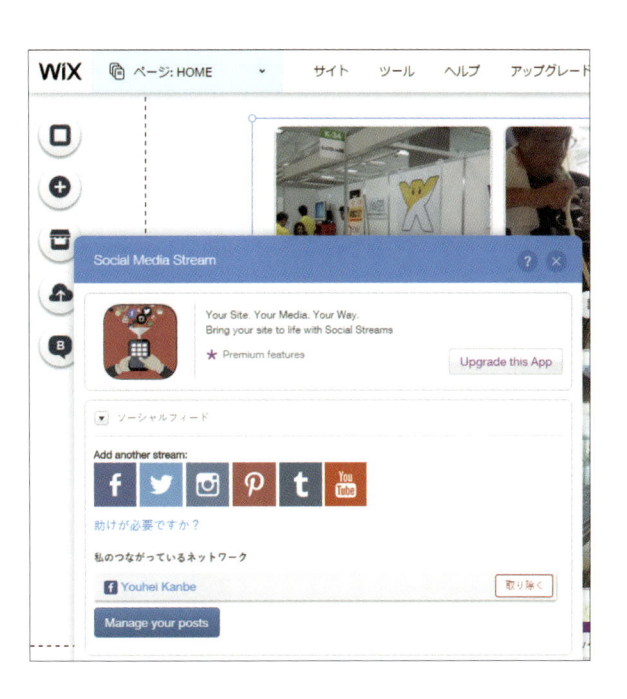

Chapter 4 ● 更新してサイトを育てる

Day 4

動画コンテンツの活用

✓ ここで学ぶこと

従来のホームページは画像とテキストが中心でしたが、閲覧者に伝わりやすい動画コンテンツが今後の主流になります。Wixでは簡単に動画を追加できるのでビジネスに活用しましょう。

1 YouTubeへ動画をアップロード

一般的にWixサイトへ動画を追加する場合、YouTubeへ動画をアップロードしたものを共有コードで埋め込みます。まずはYouTubeの操作について解説します。

Step 01 YouTubeチャンネルの作成

YouTube にログインします。自分のすべてのチャンネル（https://www.youtube.com/channel_switcher）へ移動します。

管理している Google+ ページ用のYouTube チャンネルを作成したい場合はここで選択、それ以外の場合は「チャンネルを作成」をクリックします。詳細を入力して新しいチャンネルを作成します。

Step 02 動画のアップロード

チャンネル画面から「アップロード」をクリック。形式は（MOV、MPEG4、AVI、WMV）からアップロードするファイルを選択します。基本情報で詳細を入力。誰でも見れる「公開」、ユーザーを限定した「非公開」、URLを知っていれば誰でも見れる「限定公開」の3つから選択して完了します。

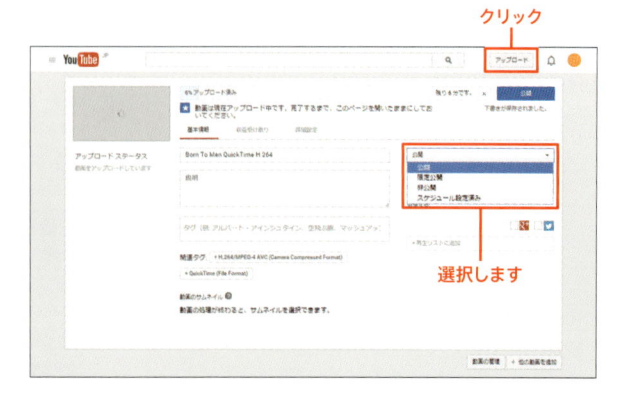

> **! Point!**
>
> **YouTubeの取り扱い**
>
> YouTube動画の「埋め込み」は基本的に問題ありません。ただし、YouTubeから動画をダウンロードしてはいけません。また、埋め込む動画にも注意しましょう。著作権を侵害して違法にアップロードされた動画は埋め込むと見られなくなる可能性があります。

2 YouTubeで動画編集

YouTubeに一度アップロードした動画はYouTube内で編集が可能です。動画のカットや明るさの編集、音楽やアノテーションの追加なども行えます。

Step 01 他社でのドメイン取得

　YouTubeへログインした状態で画面右上のアカウントをクリック「クリエイターツール」＞「動画管理」＞「編集」で編集画面に移動します。

❶「情報と設定」…基本情報や収益受け取りなど
❷「動画加工ツール」…動画の明るさ調整やカットが行えます
❸「音声」…音楽の追加とボリュームバランス
❹「アノテーション」…吹き出しやタイトルなどアノテーションの操作
❺「カード」…動画やリンクの追加と編集
❻「言語」…字幕の追加と編集

動画コンテンツの活用　109

3 | Wixサイトへ動画を埋め込み

続いて、Wixサイトへの埋め込みを解説していきます。

Step 01　Wixで動画を追加

　YouTubeでアップした動画をWixで追加します。「追加メニュー」＞「動画」＞「YouTube動画」で動画をクリックして「設定」でYouTube「動画URL」へ共有コードを入力します。

> **Hint!**
>
> **Wixがカバーする もう一つの動画サイト「Vimeo」**
>
> WixはYouTubeと「Vimeo」という動画サイトを簡単に埋め込みできるようになっています。Vimeoの特徴はハイクオリティな動画配信を行えるため、世界中の映像クリエイターが使用しています。
> https://vimeo.com/

Chapter

5

∨

ネットショップを運営する

| Day 1 | Wixストアで
ネットショップを作成 |
| Day 2 | 外部サービスで
ネット販売を拡大 |

Chapter 5 ● ネットショップを運営する

Day **1**

Wixストアで
ネットショップを
作成

✓ ここで学ぶこと

Wixならネットショップも簡単に追加・編集できます。商品・在庫管理も一括管理、難しい専門知識は不要です。

---

1 Wixストア

サイトにWixストアを追加し管理画面を開きます。

Step 01 Wixストアの追加

Wixエディタ「追加メニュー」の「ショップ」で「Add to site」をクリックするとショップのページが追加されます。

クリック　クリック　　　　　　クリック

Step 02 Wixストアの管理画面を開く

「ここからスタート」をクリックして「ショップを管理」をクリックすると右のようなWixStoresの管理画面が開きます。

112

2 商品の追加・編集

商品の新規追加、編集を行います。

Step 01 商品の編集画面を開く

あらかじめ登録されている商品の一覧で商品名をクリックすると編集できます。一覧でオンマウスすると「複製」と「削除」ができます。新規で商品を登録する場合は「＋商品を追加」から追加します。

Step 02 商品情報

商品名・価格・詳細を入力して画像を登録します。画像の推奨サイズは正方形の800×800ピクセルです。メイン画像が商品ギャラリーの写真で、その他の写真は商品ページで表示されます。

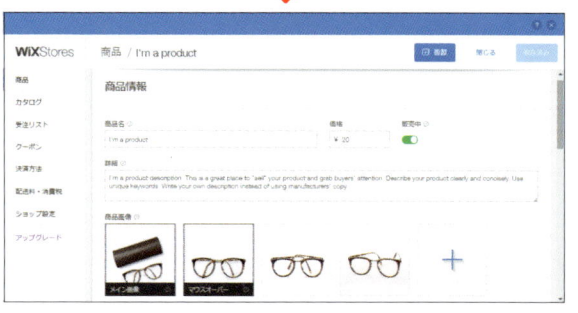

Step 03 商品設定

商品設定では割引の設定、商品ギャラリーでおすすめなどを表示するリボン、SKUは商品コードを設定できます。カタログで商品ギャラリーをタグ設定が可能です。

Step 04 在庫管理・商品オプション

在庫管理では受注が発生すると自動的に在庫数を減らしてくれる「自動管理」か「手動管理」を選び、在庫数を入力。商品オプションでは色やサイズがある場合に設定します。

Step 05 追加情報

追加情報にはタイトルと詳細で商品に関する詳細、関連情報を追記できます。編集が終わったら「保存」して閉じます。

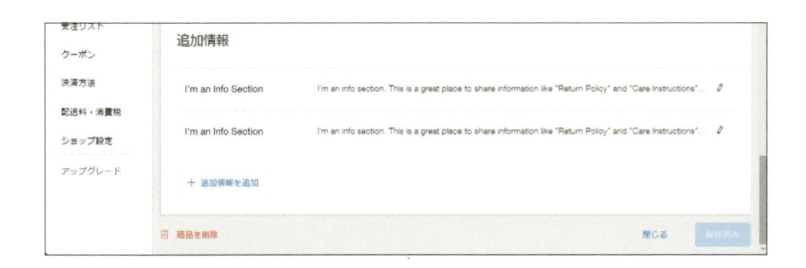

3 カタログの管理

商品ギャラリーでは商品をジャンル分けしてカタログごとに掲載します。

Step 01 カタログの追加

ショップを管理の画面で「カタログ」を選択し「+カタログを追加」からカタログの名前を編集します。

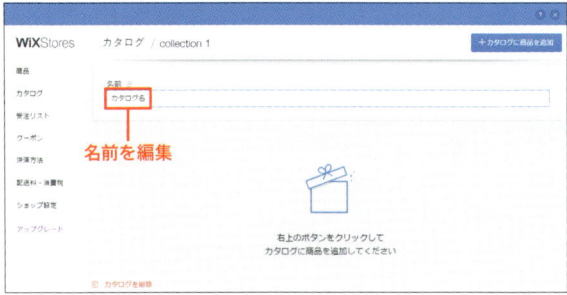

Step 02 カタログに商品を追加

「+カタログに商品を追加」で商品にチェックを入れてカタログに商品を追加します。

4 | クーポン

クーポンを作成してユーザーの購買喚起を行いましょう。

Step 01 クーポンの作成

「ショップを管理」の画面で「クーポン」を選択し「+クーポンを作成」でクーポン作成画面を開きます。

Step 02 クーポンの編集

開いたクーポンの作成画面でクーポンの名前・ユーザーが入力するクーポンコード・クーポンの種類・開始日と期限、利用回数の制限を編集して「クーポンを作成」をクリックします。

5　決済方法

購入代金は選択した決済方法で直接振り込まれます。複数の決済方法を選択することも可能です。

Step 01　クレジットカード

「ショップを管理」の画面で「決済方法」を選択します。クレジットカードの「使用する」をクリック、stripeを「使用する」でアカウントを作成します。

Step 02　stripeアカウントの作成

はじめて設定する場合は「アカウントをお持ちですか？」で「いいえ」を選択、開いたタブでSign inをクリックします。

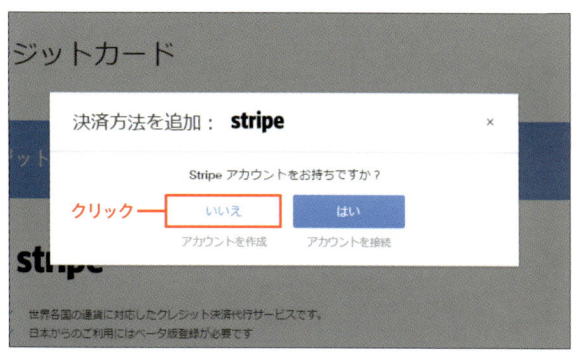

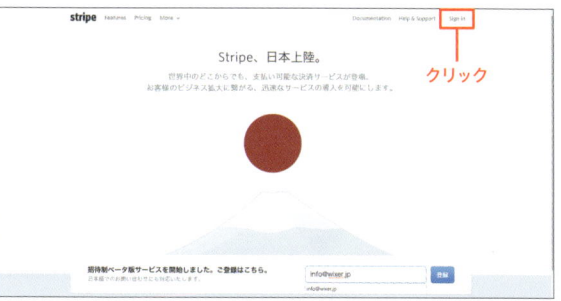

Step
03 Sign up

「Don't have account ?」のタブで 「Sign up」をクリックします。 メールアドレスとパスワードを入力して「Create your Stripe account」をクリックします。

※2015年11月現在で日本語版がベータ版としてリリースされています。

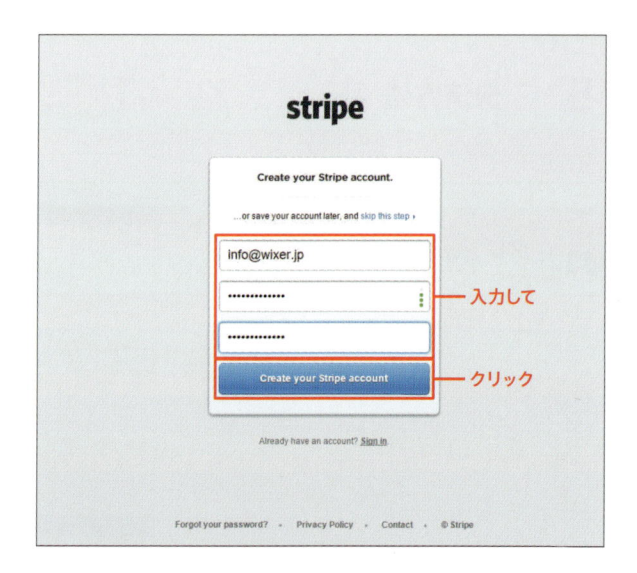

Step
04 stripeの登録

届いた確認メールのURLをクリックしてstripeを開きます。ショップ管理画面でアカウントの追加を行い、運営者情報、口座情報等を登録してアカウントを追加します。

Step
05 PayPalの追加

PayPalは世界中で利用されている電子マネーでクレジットカードも利用可能です。WixStoresの管理画面で「使用する」をクリックします。

Step
06 PayPalアカウントの作成

PayPalアカウントを作成する場合は「PayPal アカウントをお持ちですか？」で「いいえ」を選択してアカウント登録をすすめます。右下の国旗アイコンをクリックして日本語に切り替えましょう。「新規登録はこちら」からビジネスアカウントの登録を完了させます。

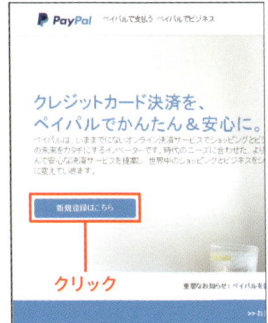

Step
07 PayPalアカウントの接続

ショップ管理画面に戻り、「はい」を選んでPayPalを接続します。登録済みのメールアドレスを入力して設定を完了します。

Step
08 オフライン決済

オフライン決済はクレジットカード以外の決済手段（銀行振込・代引き・コンビニ決済）です。オフライン決済の「使用する」をクリック。

Step
09 支払いの指示を入力

支払いの指示を入力します。

銀行振込の例：〇〇銀行 〇〇支店、預金種目、口座番号、口座名義まで代金をお振り込みください。

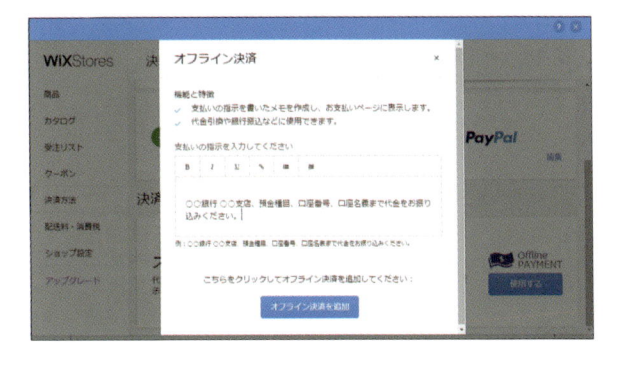

Wixストアでネットショップを作成　119

6 配送料・消費税

配送料と国を選択して消費税を設定します。

Step 01 販売地域の選択

WixStores設定画面で「配送料・消費税」を選択し、販売地域を選択します。

Step 02 配送料を設定

配送料を設定の「＋配送料を追加」をクリックして指定します。重量帯を指定した場合は複数の設定が可能です。

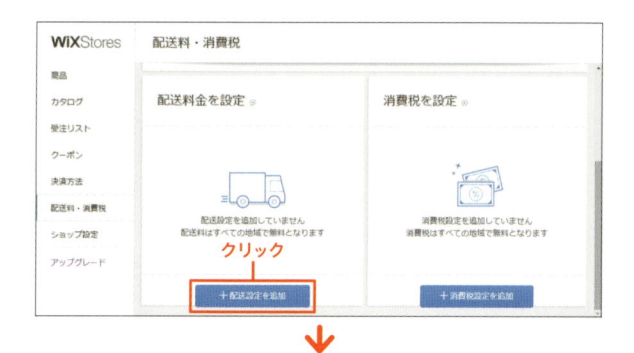

Step 03 消費税を設定

消費税を設定の「＋消費税を追加」をクリックして指定します。配送料に消費税をかける場合は「配送料の消費税を変更」にチェックを入れます。

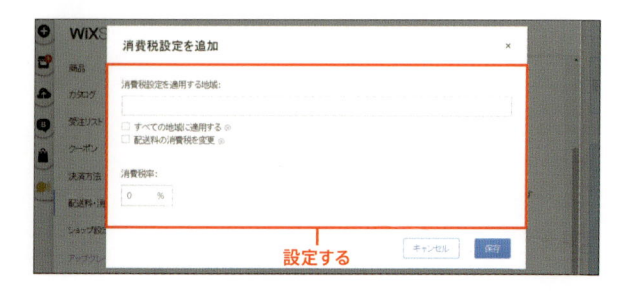

120

7 ショップ設定

店名や言語などショップの設定を行います。

Step 01 基本設定の変更

店名・言語・通貨・Shipping Formats（重量・料金設定）などネットショップの基本設定を行います。また、変更内容はお支払いページに適用されます。

Step 02 特定商取引法に基づく表示

続けて「特定商取引法に基づく表示」を編集します。表示をONにし、各項を編集してください。

Wixストアでネットショップを作成 121

8 商品ギャラリーの カスタマイズ

商品ギャラリーのレイアウト・スタイル・画像の縦横比などを編集します。

Step 01 カタログの選択

表示するカタログを選択します。カタログの管理及び、商品の並び替えは商品ギャラリーをクリックして「設定」から行います。

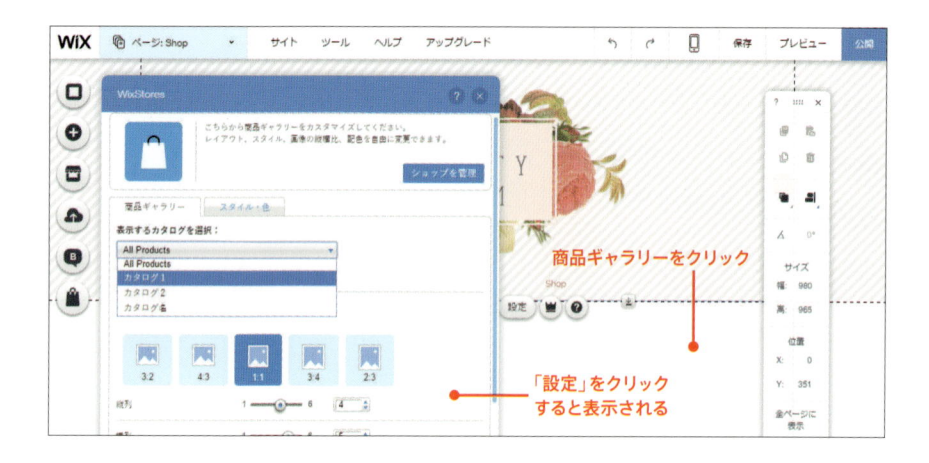

Step 02 レイアウトの変更

続けて画像の縦横比、表示する縦横の列数を選択します。クイックビューにチェックを入れるとオンマウスしたときに「商品を見る」ボタンを表示させます。

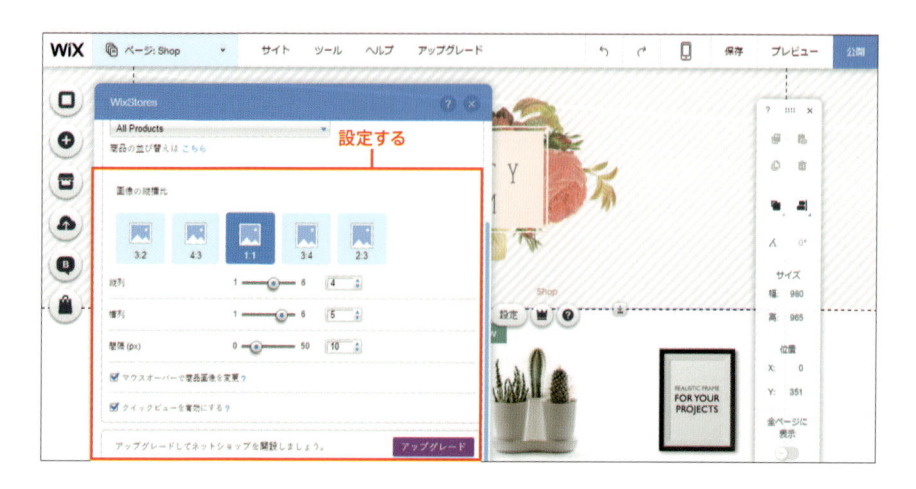

Step
03 スタイルの変更

「スタイル・色」にタブを切り替えて商品ギャラリー各所の色やフォントの設定を行います。

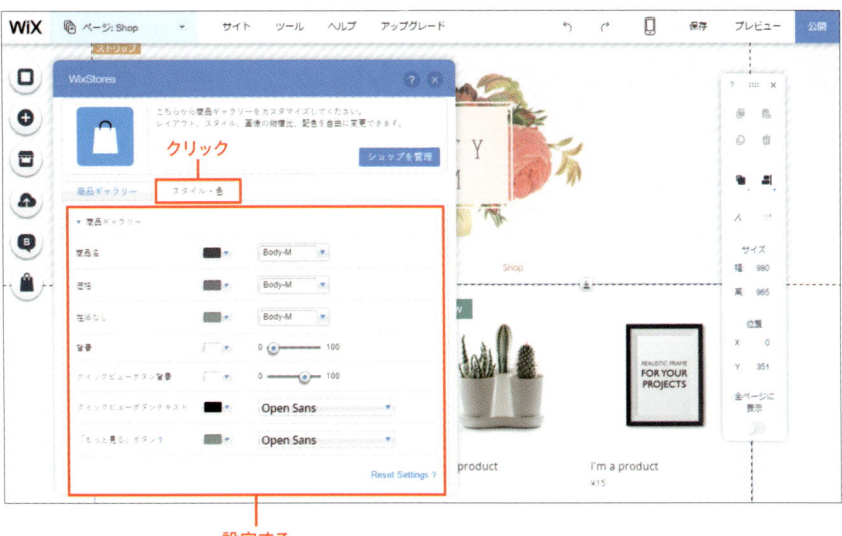

Chapter 5 ● ネットショップを運営する

Day 2

外部サービスで
ネット販売を拡大

✓ ここで学ぶこと

Wix以外のサービスを活用したネットショップでユーザーの拡大を図りましょう。販路を拡大させるだけでなく、ユーザーが利用しやすいショップづくりを行います。

1 ネットショップ作成サービス「BASE」活用

ネットショップの作成はWix以外でも閲覧できます。「BASE（https://thebase.in/）」はその1つで、Wixでカバーしていない決済方法も簡単に導入できます。

✓ BASEとは…

ネットショップを簡単に作成できて、初期・月額費用が0円で商品が売れる度に課金されることもありません。

Step 01 アカウントを作成

希望のURLを入力しメールアドレスを登録、認証してアカウントを作成します。
https://thebase.in/

Step 02 アカウントを作成

希望のURLを入力しメールアドレスを登録、認証してアカウントを作成します。
https://thebase.in/

124

Step
03 デザイン編集

「デザイン編集」を選択して画像ロゴ、背景やナビゲーションの色の編集を行います。

Step
04 ショップ設定

「ショップ設定」からショップ情報、特定商取引法に関する情報、決済方法の設定を編集します。

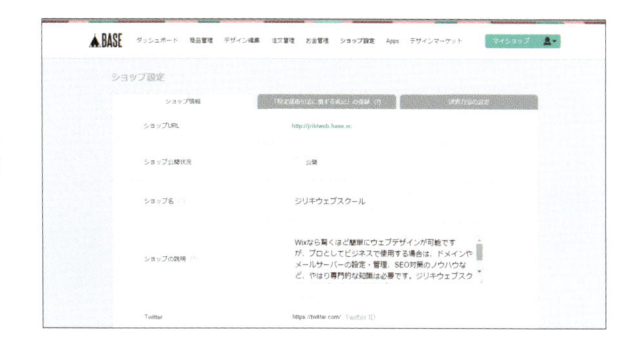

Step
05 Apps

「Apps」からBlogやメールマガジン、クーポン発行などの機能拡張を行います。

Step
06 デザインマーケット

「デザインマーケット」ではテーマが販売されています。自分でデザインしたテーマを販売することも可能です。

外部サービスでネット販売を拡大

Step
07 ダッシュボード

　未発送や在庫切れ、アクセス解析、新着情報などを確認できます。「はじめてのダッシュボード」で使い方を確認しましょう。

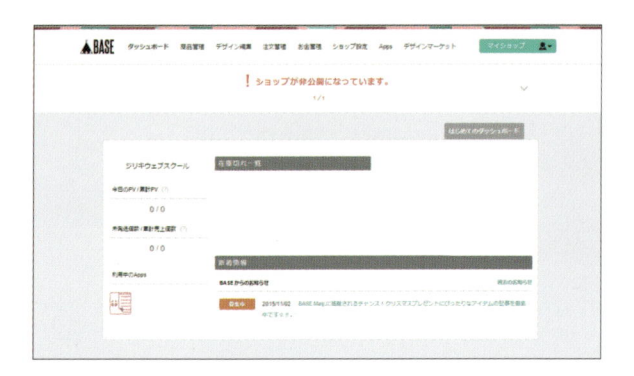

Step
08 注文管理／お金管理

　ショップ開設後の注文の管理や入金状況などを確認します。

Step
09 Wixサイトからのリンク

　WixサイトとBASEで作成したネットショップを連携させます。Wixエディタで「ページ追加」で「リンク」を選択してBASEのウェブアドレスを追加します。

> **Hint!**
>
> BASEはお金が一番かからず最速で決済システムを構築できる方法です。WixもBASEも初期のセットアップが簡単で早く、最速でカートシステムを構築できる方法です。他のネットショップ作成サービスであるSTORES.jpでもOKです。こうしたミニマムカートはカスタムページなど自由なページが作れないのでそこをWixで補えます。BASEやSTORES.jpでものたりないユーザーにも非常にお勧めです。

2 SNSやオウンドメディアで集客！

ECサイトを作ってもすぐには売れません。前頁で紹介したSEO、SNS、オウンドメディア、PPCなどを使って集客して月商100万円を目指しましょう。

✓ 集客を考える

ネットショップを作成しても集客ができなければ商品は売れません。集客の手段として以下を実施しましょう。詳しくはChapter 7で解説しています。

- SEO対策
  SEOウィザードを活用してタグの見直しを行いましょう

- SNS
  FacebookやTwitter、LINE@などを活用してユーザーとコミュニケーションを行います

- オウンドメディア
  Wixブログを活用してサイトの目的に合わせたテキスト量を増やしましょう

- PPC
  Google AdwordsやYahoo!リスティングなどの広告で集客を行います

- メールマガジン
  顧客のフォローはもちろん、有益な情報発信でターゲットユーザーを囲い込みましょう

> **Hint!**
>
> **ネット通販コンサルの活用**
>
> Eコマース市場が右肩上がりになる中、競争が激化しています。新たにネット販売を開始する場合などはプロであるネット通販コンサルを検討してみてはどうでしょうか？ ECコンサルで多数の実績のある「サイレコ」がお勧めです。
> http://www.cyber-records.co.jp/

外部サービスでネット販売を拡大　127

3 | Amazonで月商300万を目指す！

前項の方法では月商100万が限界です。100万以上売るにはモールへの出店が必要不可欠です。今、最も勢いのあるAmazonを導入してみませんか？

☑ 日本2位のマーケットに出店

　月額費用が安くWixユーザーでも簡単に出品することができます。もちろん簡単には売れませんがモールのマーケットとしては日本2位（2015年10月）です。

☑ なぜAmazonなのか？

　今、最も勢いのあるモールで今後は日本アマゾンを通じて米国Amazonに出品するということも進められてきます。米国Amazonは約11兆円もある市場で世界最大級のモールです。そこに出品できるメリットは計り知れず、もちろん日本アマゾンだけでも十分、売り上げを作れます。

☑ その他ショッピングモールへの展開

　その後の展開として楽天→Yahoo!ショッピングの順番に出店していきます。
　Wix & BASE、Amazon、楽天、Yahoo!ショッピングと日本国内で4店舗展開すれば充分です。

Chapter

6

業種に特化した機能

Day 1	Wix Bookingで予約機能
Day 2	Wix Menusでメニュー表を作成
Day 3	Wix Musicで音楽販売
Day 4	Wix Hotelsで宿泊の予約受付

Chapter 6 ● 業種に特化した機能

Day 1

Wix Bookingで予約機能

✓ ここで学ぶこと

Wix Bookingは予約が必要な飲食店、美容室、教室運営などのサービス業で活用できる予約フォームアプリです。予約受付から支払いまで行えます。

1 Wix Bookingの追加と設定

Wix BookingはWix Appsとしてあなたのサイトに簡単に追加、設定できます。管理はダッシュボードから行います。

Step 01 Wix Bookingの追加

　Wix App Marketをクリックし、Wixアプリのカテゴリーから「Wix Booking」をオンマウスして表示される「サイトに追加」をクリックします。新たなページが追加され、「今すぐスタート」で設定を開始します。

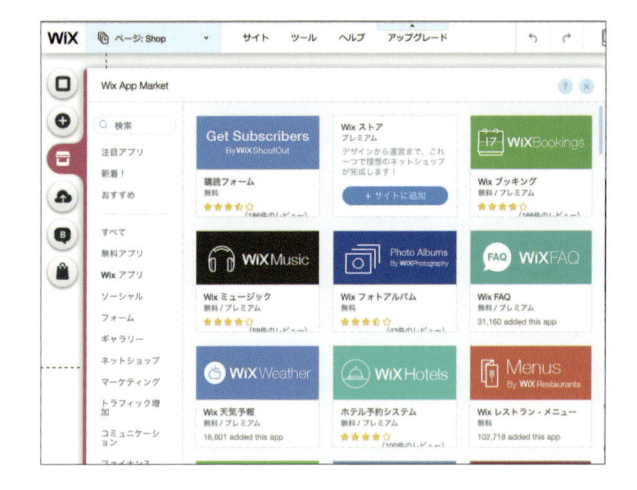

Step 02 サービスを追加

　基本情報と時間料金、場所を設定してサービスを追加します。

Step
03 予約カレンダーの設定

予約状況の確認や管理を行うことができます。Googleカレンダーと同期も可能です。

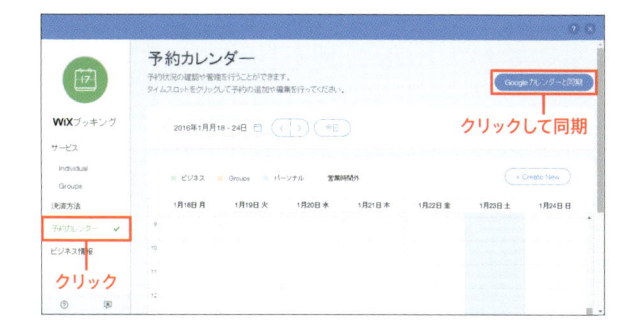

Step
04 支払いの設定

Paymentsのタブで「Get Paid via PayPal」をクリックしてPayPalアカウントのメールアドレスを登録します。

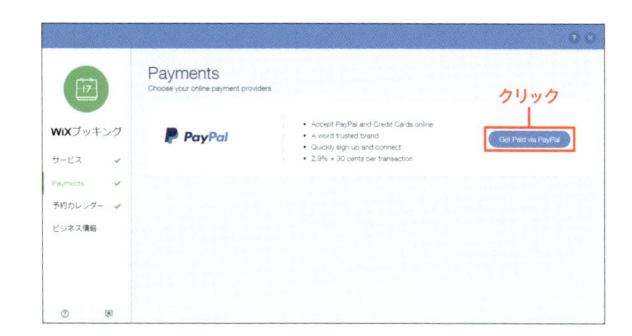

> Hint!

PayPalで支払いの回収

サービスの時間・料金の設定でPayments MethodをOnline onlyとし、Paymentsの設定を行うと、ユーザーの予約受付時に支払いをPayPalで受け取ることが可能です。ユーザー側での手数料は無料ですが、運営者側では取引あたり3.6% + ¥40がかかります。

Step
05 ビジネス情報の設定

基本情報と営業時間など訪問者に公開するビジネス情報を入力してください。追加情報ではキャンセルポリシーと、予約完了後に送られる予約確認メールの設定も行えます。

Wix Bookingで予約機能　131

Step
06 デザインとレイアウト

　予約管理画面を閉じると「デザイン/レイアウト/テキスト」の設定画面が開いています。パーツを選択して設定してください。

---

2 Wix Bookingの利用

ユーザーが予約を行い、サイト運営者が確認するまでの流れについてみていきましょう。

Step
01 ユーザーの予約方法

　まずは公開後のサイトでWixBookingの設置されたページでサービスを選択します。予約日時を選択し、予約フォームに名前・メールアドレス・電話番号などを入力して予約を確定します。予約者へは確認のメールが届きます。

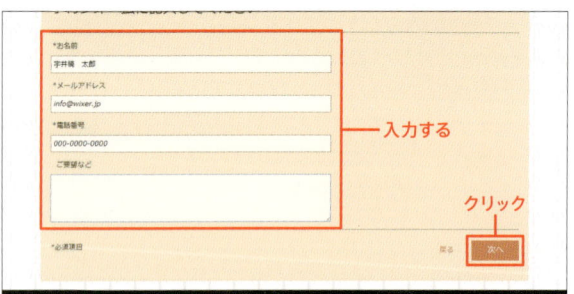

Step
02 ダッシュボードから予約を確認

　Wix Bookingアプリ追加後に保存・公開するとダッシュボードのMY APPSにWix Bookingが追加され、予約の確認を簡単に行えます。また、ダッシュボードでは管理者が手動で予約を追加することもできます。

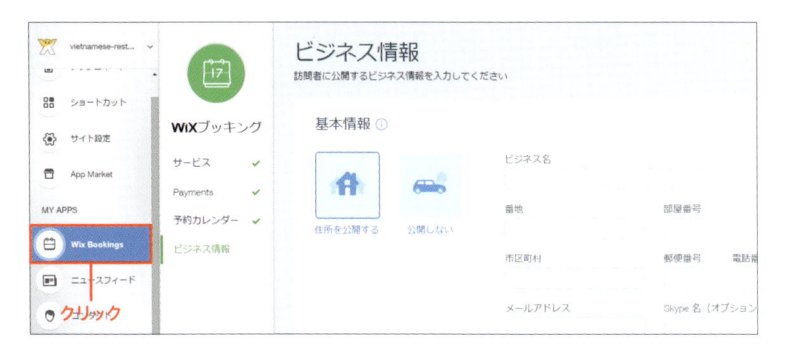

> Hint!

ダッシュボードのアプリ

　ログイン直後に表示されるサイトの一覧が「マイサイト」で、「サイトの管理」をクリックして表示されるのが「ダッシュボード」です。Wixサイトに追加したアプリのサイト運営者が利用するバックヤード（管理画面）を開くことができます。

※サイトが1つしかない場合はログイン直後にダッシュボードが開きます。

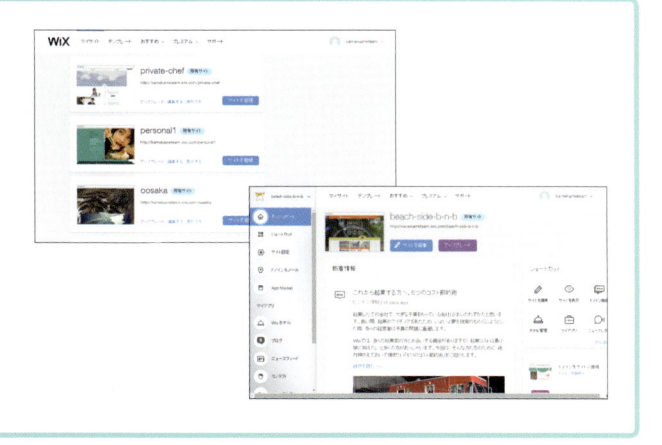

Wix Bookingで予約機能　　133

Chapter 6 ● 業種に特化した機能

Day 2

Wix Menusで
メニュー表を作成

✓ ここで学ぶこと

メニュー表作成のためのアプリです。飲食店だけでなく、サービス業全般のメニュー表作成にも応用できます。フォーマットが決まっているので管理が楽に行えます。

1 Menus By Wix Restaurantsの追加と設定

Menus By Wix Restaurantsを利用してメニュー表を追加、作成します。

Step 01 Menus By Wix Restaurantsの追加

Wix App Marketをクリックし、無料アプリのカテゴリーからMenus By Wix Restaurantsをオンマウスして表示される「サイトに追加」をクリック。アプリが追加された新たにページが作成されます。

Step 02 Wix Restaurants Menusの設定

追加したMenus By Wix Restaurantsを選択し「設定」をクリックすると設定画面が開きます。ここでレイアウトやデザインを編集します。

Step 03 メニューを編集

設定画面内の「メニューを編集」をクリックするとアプリが追加されたダッシュボードが開きます。「スタート（またはLet's Get Started）」をクリックして編集を行います。

134

Step
04 レストラン情報を入力

はじめて編集する場合は名前、住所、電話番号を入力します。再編集の場合はMy Restaurantで編集できます。

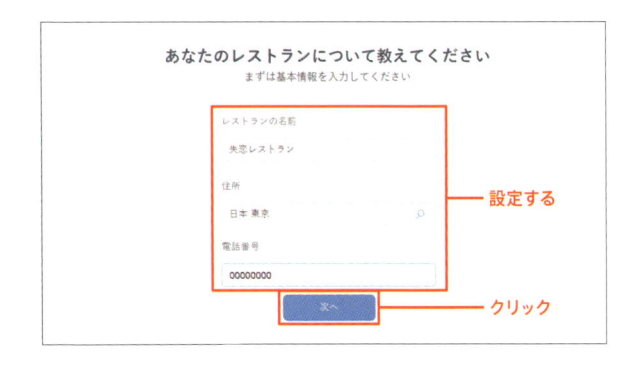

Step
05 メニューを作成

メニューの名前、カテゴリーなどを設定し、料理名・説明・価格など1品ずつの料理の情報を編集します。再編集する場合はダッシュボード（P.133参照）でWix Restaurantsを選択してMy Menusのタブから編集が可能です。

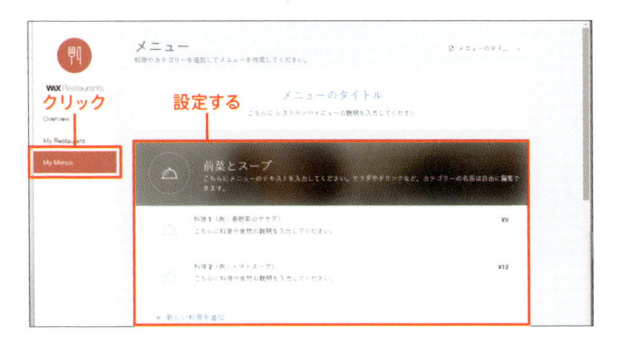

Step
06 レストラン設定

My Restaurantから連絡情報や営業時間など、より詳細な設定を行います。

Step
07 プレビュー

プレビューをクリックするとエディターに戻り、編集内容を確認することができます。

Wix Menusでメニュー表を作成　135

Chapter 6 ● 業種に特化した機能

Day 3

Wix Musicで音楽販売

✓ ここで学ぶこと

Wix Musicは音楽ファイルをサイトへアップロードして音楽販売が行えます。アメリカではこれを使って成功したアーティストも生まれています。

1 Wix Musicの追加と設定

Wix Musicを利用してメニュー表を追加、作成します。

Step 01 Wix Musicの追加

「アプリメニュー」からWix App Marketを開きます。Wixアプリのカテゴリーから「Wix Music」をオンマウスして表示される「サイトに追加」をクリックするとアプリが追加されます。

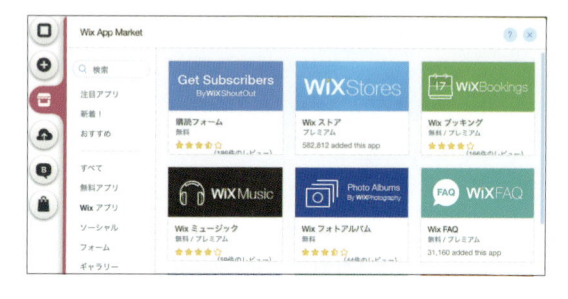

Step 02 トラックを追加・管理

画面上で追加したアプリを選択し、「トラックを追加・管理」で「Manage Your Music」の画面が開きます。

Step 03 アルバムを追加

画面の「新しいアルバム」をクリックしてアルバム名など必要事項を入力し、「保存する」をクリックします。

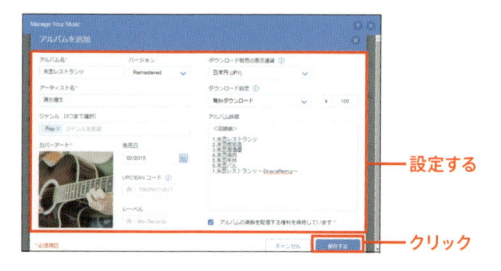

設定する

クリック

136

Step
04 トラックの追加

「新しいトラック」をクリックしてWAV形式のファイルを追加します。トラック名やジャンルを選択して「保存する」をクリックします。

Step
05 支払い情報の設定

「お支払い」のタブをクリックしてPayPalアカウントへメールアドレスを入力して接続を行います。

※支払いを受け取るにはPayPalビジネスアカウントが必要です。

Step
06 iTunesなどの外部音楽配信の設定

iTunes StoreやGoogle Playなどの大手外部音楽サイトで販売を行うことができます。

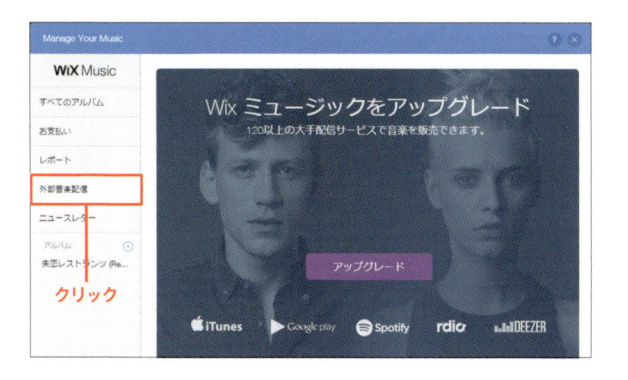

Wix Musicで音楽販売 137

Step
07 購読フィードの追加・設定

「ニュースレター」を選択し、「購読フォーム」のタブで「追加する」をクリックして「アプリを追加」で追加するサイトを選択します。追加したアプリを選択して「設定」でデザインや表示する記入項目を編集します。

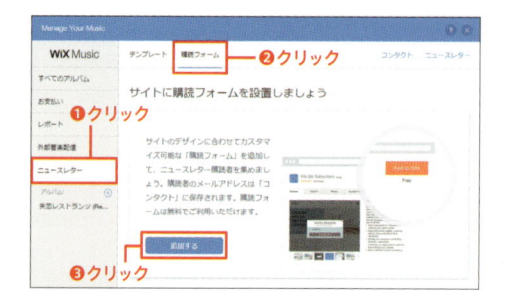

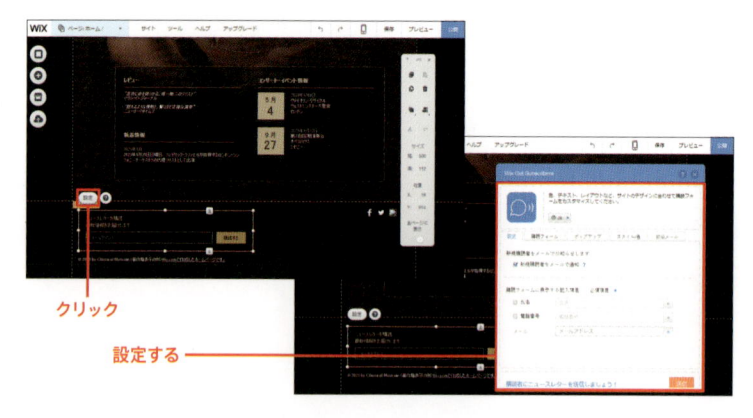

Step
08 ニュースレターの送付

サイト公開後に購読フォーム申込から配信希望ユーザーが追加されたらニュースレターを送付しましょう。ダッシュボード（P.133参照）からもアクセスできます。

Step
09 レポートの確認

レポートのタブでアクセスを確認することができます。Wix Musicの販売状況改善に役立てましょう。

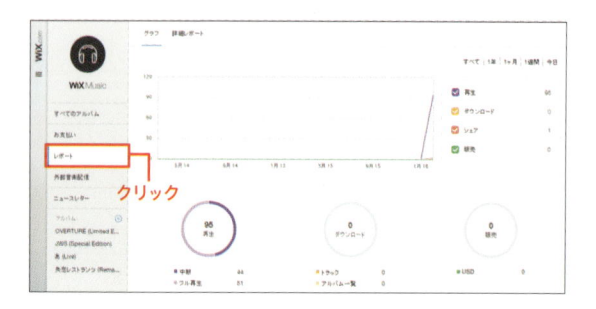

2 | Wix Musicのレイアウトとデザイン

Wix Musicのをサイトの雰囲気に合わせたデザインに変更しましょう。

Step 01　レイアウト

　Wix Musicを選択して「設定」をクリックします。アルバムを選択して「レイアウト」のタブで再生コントロールやスタイルを変更します。

Step 02　設定

　「設定」タブではトラックリストの表示、マウスオーバー時のトラックアクションの設定を行います。

Step 03　デザイン

　「デザイン」タブでは背景、文字色、区切り線などの設定を行います。

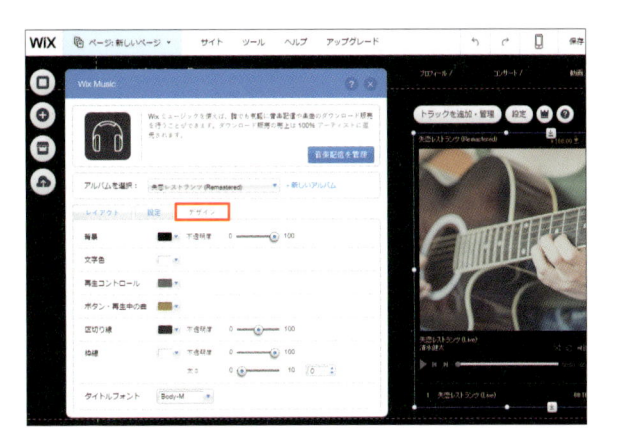

Wix Musicで音楽販売　139

Chapter 6 ● 業種に特化した機能

Day 4

Wix Hotelsで宿泊の予約受付

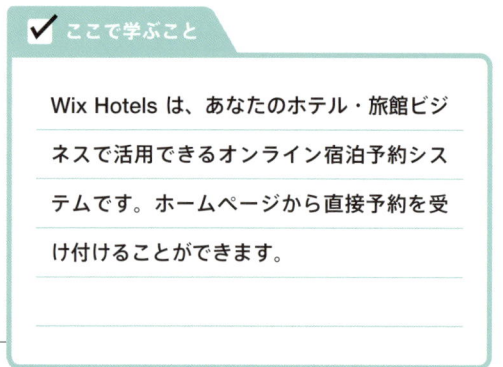

> ✓ ここで学ぶこと
>
> Wix Hotels は、あなたのホテル・旅館ビジネスで活用できるオンライン宿泊予約システムです。ホームページから直接予約を受け付けることができます。

1 Wix Hotelsの追加と設定

Wix Hotelsを利用して宿泊予約機能をサイトに追加しましょう。
※2015年11月現在は設定画面が英語表記

Step 01 Wix Hotelsの追加

「アプリメニュー」の「Wix App Market」をクリックし、Wixアプリのカテゴリーから「Wix Hotels」をオンマウスして表示される「サイトに追加」をクリックすると新しいページにアプリが追加されます。

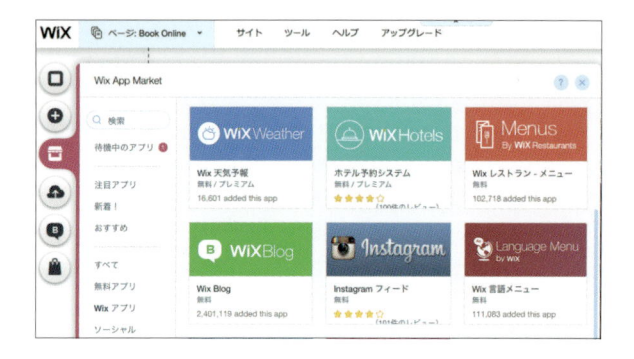

Step 02 客室・予約を管理

追加した「Wix Hotels」を選択して「客室・予約を管理」をクリックします。Hotel（ホテル）、B&B（小規模宿泊施設）、Apartment（アパートメント）、Other（その他）から選択して「Set Up Your Property（次へ進む）」をクリックします。

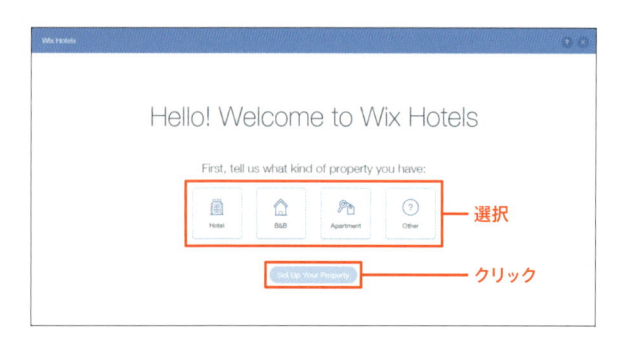

Step
03 客室タイプを追加

「客室を追加（Add Rooms）」をクリックして客室タイプを追加します。Room Properties（部屋情報）、Beds（ベッド）、Amenities（アメニティ）、Photos（写真）、Description（詳細な説明）、Price（価格）などを設定します。

Step
04 一般設定

続いて「ホテル設定（Settings）」をクリックしてビジネスの基本情報を編集します。Business Info（ビジネス情報）、Regional Settings（地域の設定）、Length of Stay（滞在期間の設定）、Reservation Policy（予約規定）などを設定します。

Step
05 支払い設定

「決済方法（Payments）」をクリックして支払いに関する情報を編集します。Payment Method（支払方法）、Price Settings（支払い設定）などを設定します。

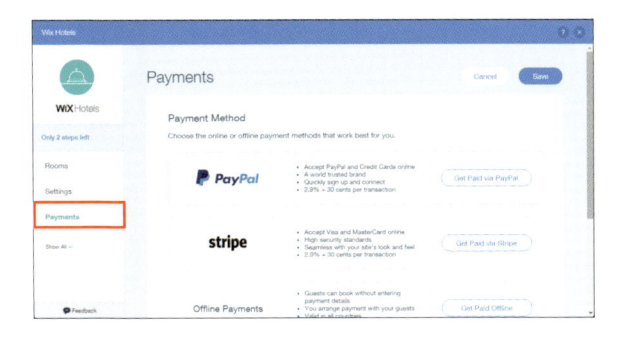

Wix Musicで音楽販売　141

Step
06　予約カレンダー

　ここまでの設定が全て完了するとReservationsのタブが現れます。予約状況を確認しましょう。ダッシュボード（P.133参照）からも確認が可能です。

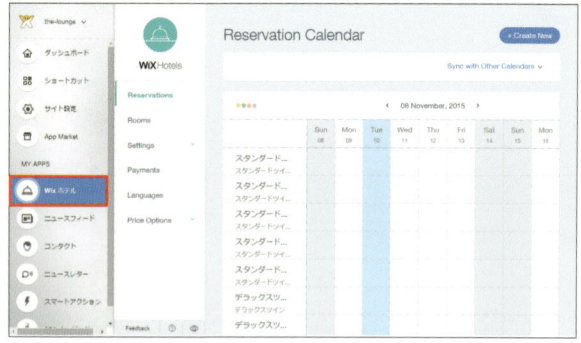

ダッシュボードからも確認できます。

2　Wix Hotelsのデザイン、レイアウト

デザインやレイアウトをサイトの雰囲気にあわせましょう。

Step
01　レイアウト

　画面上の「Wix Hotels」アプリを選択し「設定」をクリック、客室一覧（Rooms list）のタブで設定を行います。

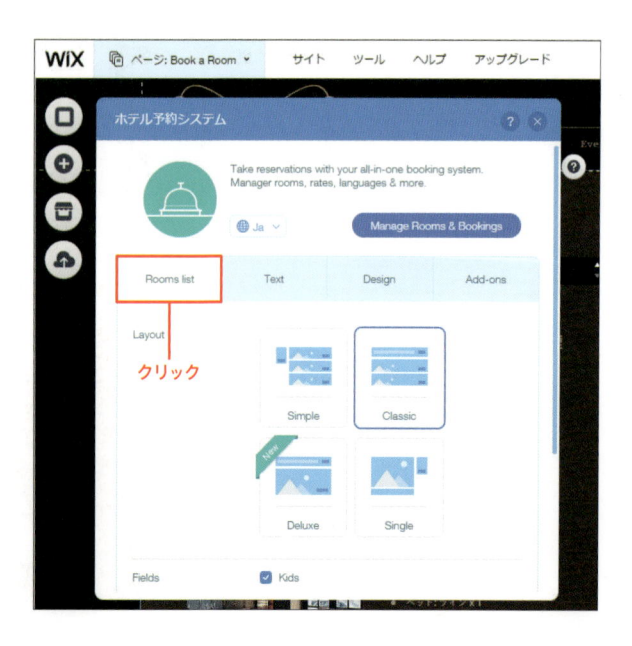

142

Step
02　見出しのテキスト設定

　続いてテキスト（Text）のタブで設定を行います。「ページを選択して入力欄を編集してください」でページを切り替えて編集します。

Step
03　デザイン

　「デザイン（Design）」のタブで背景やフォントなど編集します。

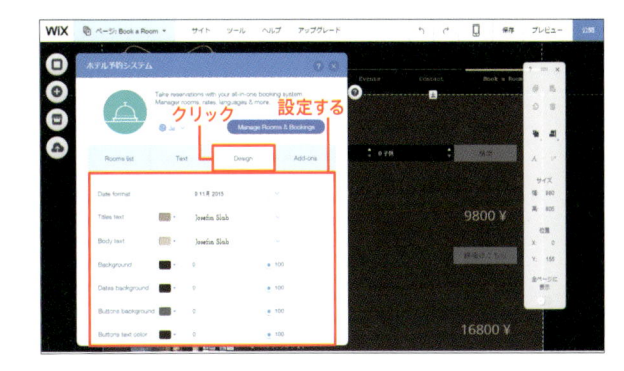

Step
04　客室検索パーツの追加

　Add-ons（＋）のタブで検索バー（Search）で追加するページを選択します。チェックイン、チェックアウトと人数で検索できるパーツが追加されます。

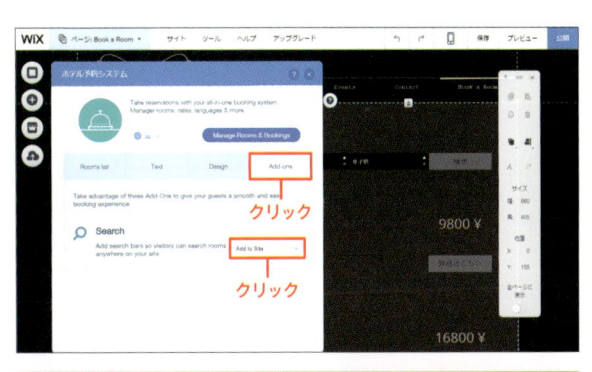

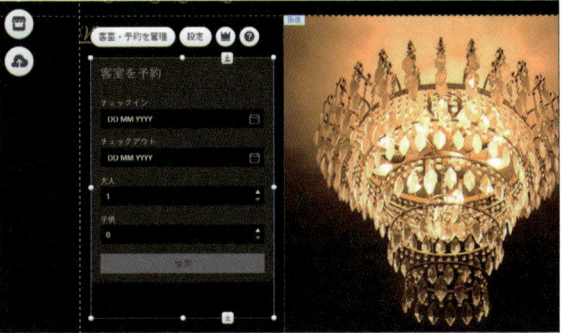

Wix Musicで音楽販売　　143

3 Wix Hotelsを使ってみよう

ユーザー側でどのように手続きが進むのか動作確認してみましょう。

Step 01　客室を選択

チェックイン、チェックアウトの日程、宿泊人数などを指定して予約可能な客室を検索し、一覧から客室を選択します。

Step 02　お客様情報の入力

名前、メールアドレス、電話、国を選択して予約ボタンをクリックします。管理者はダッシュボードから予約の受付を確認できます。

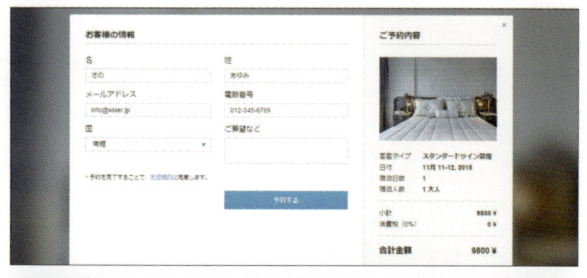

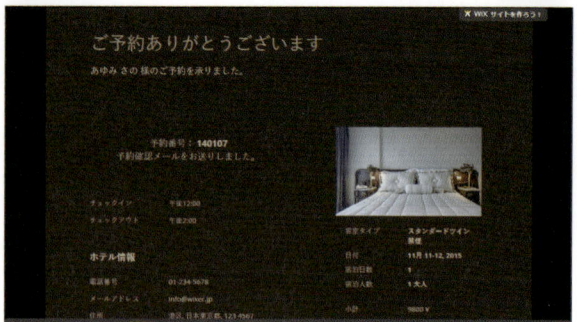

Chapter 7

ウェブマーケティングを知って更に集客

Day 1	ウェブマーケティングとは
Day 2	Wixの機能でオウンドメディアマーケティング
Day 3	SNS（ソーシャル・ネットワーキング・サービス）の活用
Day 4	アクセス解析①
Day 5	アクセス解析②
Day 6	ウェブマスターツールとGoogle Analyticsへの登録
Day 7	SEM／SEO 検索エンジンからの集客
Day 8	PPC／アフィリエイトを知ろう
Day 9	マーケティングオートメーションの導入

Chapter 7 ● ウェブマーケティングを知って更に集客

Day 1

ウェブマーケティングとは

✓ ここで学ぶこと

ウェブマーケティングとは、ホームページやSNSなどのウェブツールを活用しつつ、集客方法やホームページの内容を見直し、修正や最適化を行う営業手法の総称です。

1 ウェブを活用するメリット

ウェブマーケティングを行うと、どのようなメリットがあるのか一つ一つ見ていきましょう。

✓ 効果を測定しやすい

ウェブマーケティングでは、コストや効果を可視化していくので、施策実施後、課題や、その課題をどう改善すべきか、何に効果が高かったかを簡単に確認できます（右図はフェイスブック広告の効果測定結果の例）。

✓ 低コストでできる

ウェブマーケティングでは、コストをいくら掛けるかを自分で調整可能なので、小規模な企業やフリーランスの方でも手軽に実施できます（右図はGoogle AdWordsの広告料設定画面）。

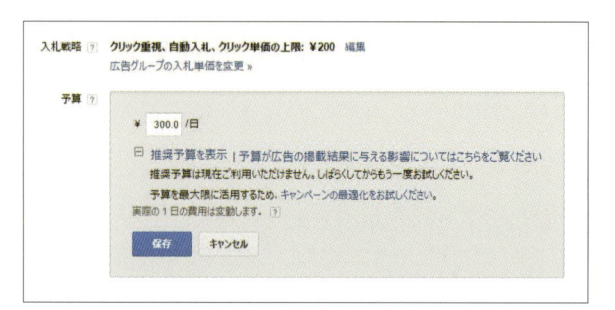

☑ 高い効率性

　ウェブ上のツールを利用すれば、非常に効率良くピンポイントに集客を行えます。たとえば、Wixアプリの「シャウトアウト（Wix ShoutOut）」を使うと顧客リストにリッチテキストメールの一斉送信が可能です。

☑ すぐに実行できる

　ウェブ上で施策を実施する際には、実施を確定してから実行に移すまでに、それほど時間がかかりません。

☑ 蓄積することで持続性を得られる

　ホームページやブログなど、更新や修正を積み重ねる事で、より多くのアクセスが見込めます。コツコツと継続することで集客力を向上させることが可能です。

ウェブマーケティングとは　147

2 代表的な施策例

より多くの集客を行うためには、様々な施策を行う必要があります。

☑ 検索エンジン最適化（SEO）

　SEOとは、サーチ・エンジン・オプティマイゼーションの略で、GoogleやYahoo!に代表される検索エンジンで、自社ホームページやブログを上位表示させるための施策です（本書P.172参照）。

☑ リスティング広告

　検索エンジンを運営している企業に料金を支払い、検索結果の上位に広告を表示させます。代表例としてGoogle AdWordsやYahoo!プロモーション広告があります。予算に応じた広告料の限度設定が可能です。

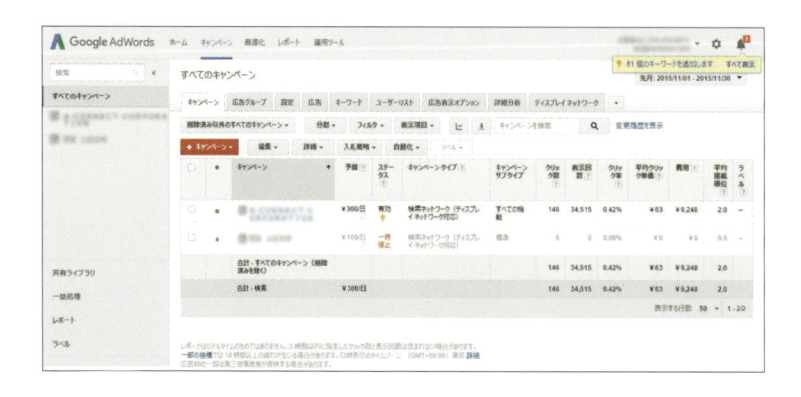

☑ アドネットワーク広告

　ネットワークに加入しているウェブサイトに一括で広告を配信するシステムです。リスティング広告よりも多くのアクセス数が見込めます。Google AdSenseがその代表例です。

☑ アフィリエイト広告

　他社のウェブサイトやブログに、自社のウェブサイトへのリンクバナーなどを貼り付けてもらい、そのリンクを経由してから自社の売上げが発生した場合に、成果報酬の形で料金を支払う仕組みです。

☑ SNS広告

　FacebookやTwitterなどのソーシャルネットワーキングサービス（SNS）が有料で提供している広告配信システムです。料金を支払うことで、直ちに広告がSNSのページ内に配信されます。

広告の掲載例

ウェブマーケティングとは　149

Chapter 7　●　ウェブマーケティングを知って更に集客

Day 2

Wixの機能で
オウンドメディア
マーケティング

✓ ここで学ぶこと

オウンドメディアマーケティングとは"自前"のメディアを持つことです。雑誌や週刊誌のような「自社媒体」と言ってもいいでしょう。短期的なアクセスアップではなく、長期的な顧客とのコミュニケーション戦略として導入しましょう。

1　オウンドメディアマーケティングの基本モデル

導入元メディアで伝えきれないことを補完し、ユーザー視点に立った"Ownd"＝"独自の"メディアを構築してユーザーの囲い込みを行います。

✓ 基本的な3つのメディア

顧客の信用を獲得するためのFacebookやTwitterなどSNSを「アーンドメディア（earned media）」、PPCやディスプレイ広告など有料広告である「ペイドメディア（paid media）」と自社サイトやブログで運用する「オウンドメディア（ownd media）」の3つに位置づけられます。

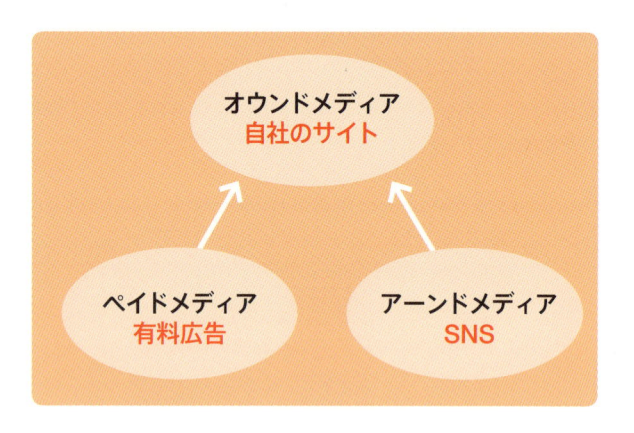

オウンドメディア
自社のサイト

ペイドメディア
有料広告

アーンドメディア
SNS

✓ 2つのメディアを補完するオウンドメディア

即効性を求めるSNSアーンドメディアに対してオウンドメディアをリンクさせることで、より詳細な内容を伝え、スペースや文字数に制限がある有料広告であるペイドメディアのリンク先にオウンドメディアを利用します。主に他メディアで伝えきれない詳細な内容の補完を目的としています。

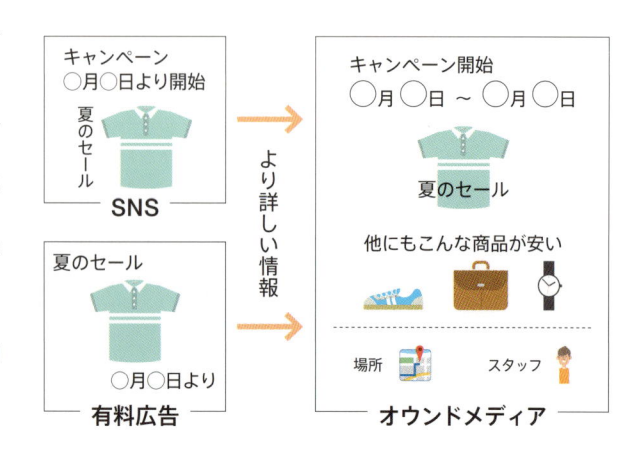

キャンペーン
○月○日より開始
夏のセール
SNS

夏のセール
○月○日より
有料広告

より詳しい情報 →

キャンペーン開始
○月○日 ～ ○月○日
夏のセール
他にもこんな商品が安い
場所　スタッフ
オウンドメディア

☑ コンテンツを書き貯め
ストックする効果

　オウンドメディアは他メディアを補完する効果だけでなく、コンテンツを増やし続けることで、「継続的なユーザーとのコミュニケーション効果」を得ることができます。さらにサイトボリュームを増やし、キーワードを意図的に操作することで「SEO対策の効果」を得ることができます。

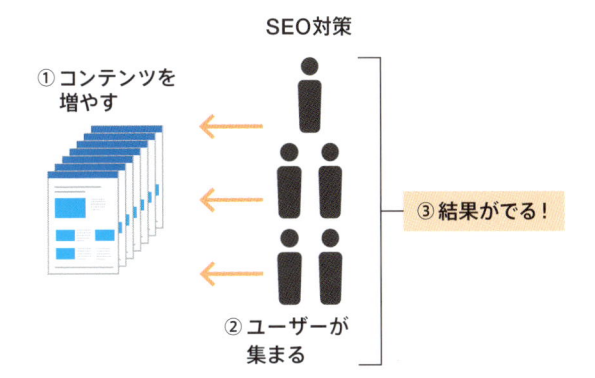

☑ コンテンツ（内容）が
最も大事

　オウンドメディアを構築するうえで、「コンテンツ（内容）」はサイト所有者のサービスや商品に関連し、即したものにすることが適切です。

　たとえば寿司屋のサイトに、オーナーの趣味でやたらとサッカーに関する記事がコンテンツとして存在しても飲食店の利益には結びつきにくいイメージです。しかし、この飲食店がスポーツバーで、サッカー好きのユーザーを囲い込もうとするのであれば、これが正しいコンテンツとなります。

☑ ユーザーの目線に立った
コンテンツ

　商品が「美味しい」とすすめる記事をコンテンツにするよりも、商品の「美味しい食べ方」のレシピをコンテンツにするほうがユーザーにとって役立つ情報となりやすい様に、「サイト所有者が発信したい情報」を「ユーザーが欲しい情報」に直して発信することが求められます。

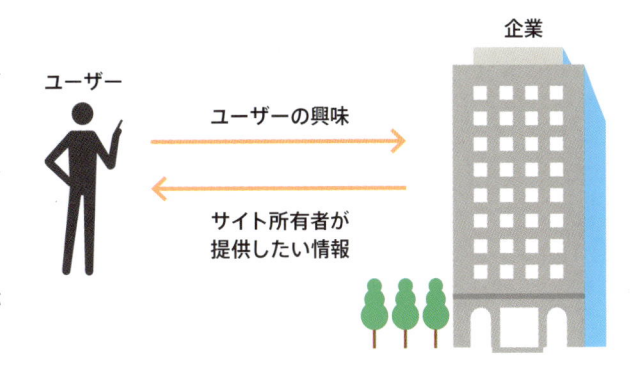

Wixの機能でオウンドメディアマーケティング　　151

2 Wixでオウンドメディアを構築

実際にWixでオウンドメディアを構築してみましょう。ブログを活用してコンテンツを定期的に増やすことが成功への近道です。

Step 01 ブログを追加

　ブログは日記的なとらえ方をされるかもしれませんが、ブログ機能を使うと定型のフォーマットを利用して効率よくコンテンツを増やせます（ブログの追加・編集方法はP.100参照）。

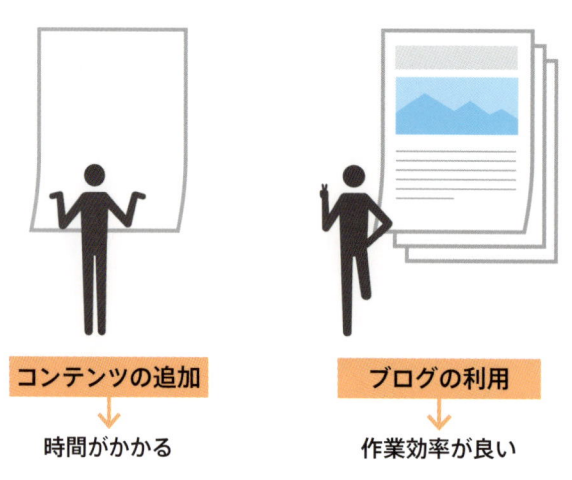

コンテンツの追加 → 時間がかかる

ブログの利用 → 作業効率が良い

Step 02 タグでコンテンツを分類

　SEOを意識し、キーワードを盛り込んだコンテンツを作成します。新しい記事を追加する際にタグを設定して記事を分類しましょう（タグの設定方法はP.100参照）。

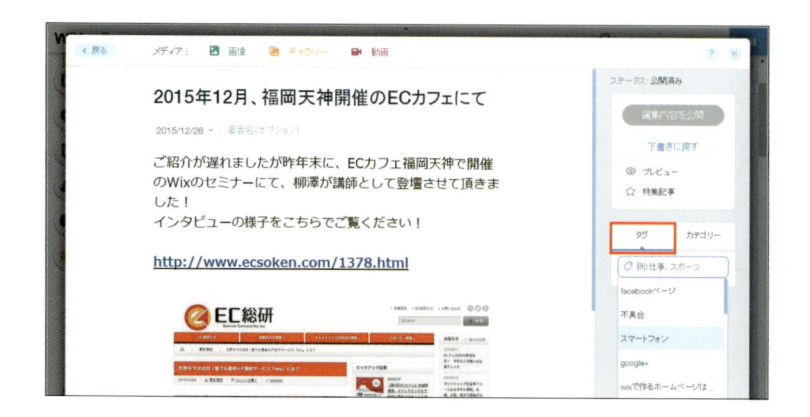

Step
03　フィードを設置

ユーザーがコンテンツにアクセスしやすいよう、トップページへフィードを追加しましょう（ブログフィードの追加方法はP.101参照）。

Step
04　メールアドレスを収集

サイトにメルマガ登録フォーム「Wix Get Subscribers」を追加してコンテンツに興味を持って来訪したユーザーのメールアドレスを収集しましょう。登録されたユーザーのメールアドレスはダッシュボードの「コンタクト」から確認することができます。

Step
05　新しいコンテンツをニュースレターで発信

コンタクトに収集されたユーザーに向けてダッシュボードの「ニュースレター」からまとめて配信できます。新しいコンテンツを追加したらリンクを添えて配信しましょう。

Wixの機能でオウンドメディアマーケティング　　153

Step
06 更新情報をSNSで発信

　コンテンツを更新したら、あわせてSNSでも発信します。facebook、Twitter、Instagramなどの複数を使って発信しましょう（SNSで記事を拡散する方法はP.103参照）。

Step
07 投稿予約を活用

　一度に複数の記事を公開するような偏った更新をせず、できるだけ定期的に公開することでユーザーが定着しやすくなります。新しい記事の追加をまとめて行った場合は予約投稿を活用して公開日を分散しましょう。

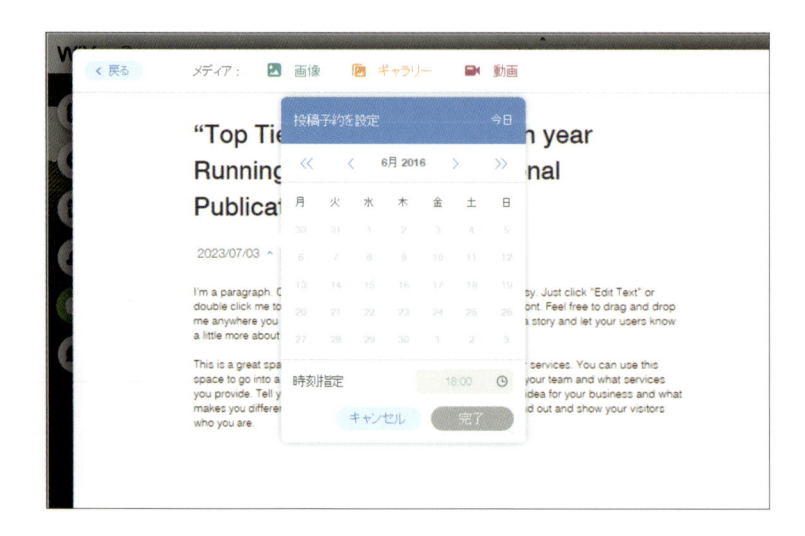

> **Column**

オウンドメディアで潜在客の心をつかむ

　サービスや商品を「買いたい」と考えてサイトへ来訪するユーザーは「顕在客」とし、目的がはっきりしているのであまり難しく考える必要はありません。ところが、将来的に顧客になりうる可能性がある「潜在客」がどんな情報に興味をもち、「買いたい」となるかは様々な角度からのアプローチが必要で一筋縄にはいきません。実店舗でのリアルな接客では、何気ない日常会話であったり、お店の雰囲気など商品やサービスとは直接関係の無いところで思わず買ってしまうような仕掛けと営業行為があります。オウンドメディアマーケティングでは未だ買う気がない「潜在客」に対して興味関心をもってもらえるようなコンテンツでアプローチをおこなう姿勢が重要です。

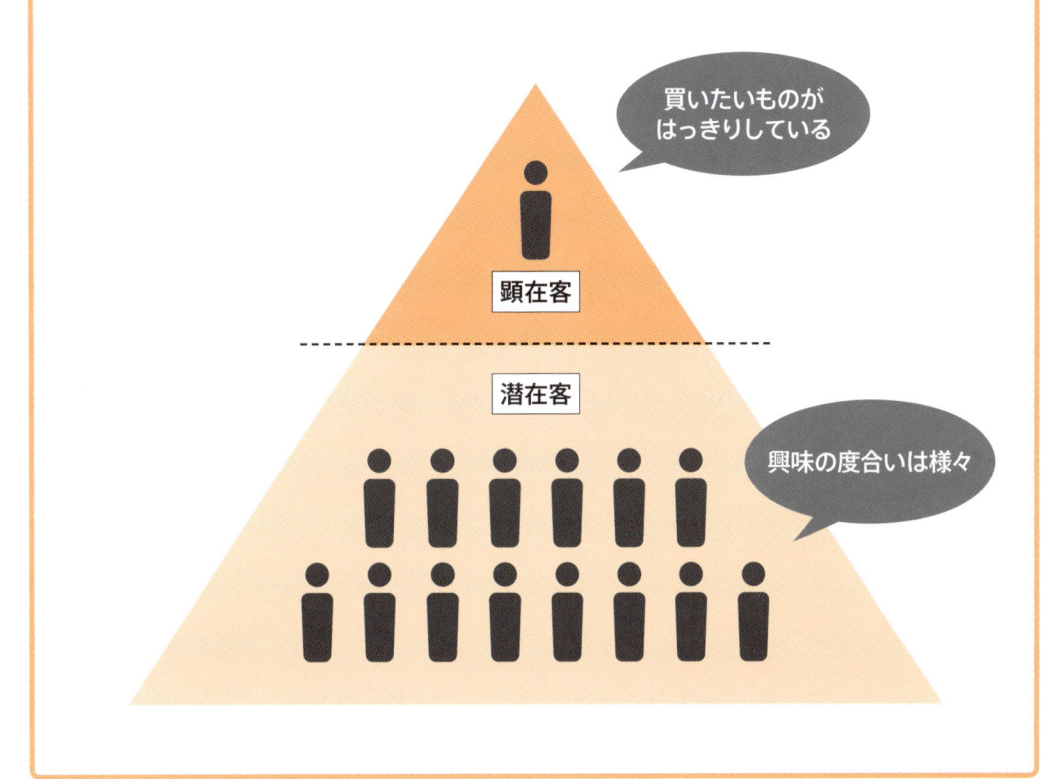

［顕在客］買いたいものがはっきりしている

［潜在客］興味の度合いは様々

Chapter 7　● ウェブマーケティングを知って更に集客

Day 3

SNS（ソーシャル・ネットワーキング・サービス）の活用

✓ ここで学ぶこと

SNSとは、Social Networking Serviceの略で、インターネット上で社会的繋がりを作ることが可能なツールです。その多くは無料で利用することができます。

1　WixとSNS

数あるSNSの中で特にWixで活用しやすいものをピックアップして紹介します。更にその活用方法も見ていきましょう。

✓ Facebook①

　Facebook（フェイスブック）は2015年現在、1日の利用者数が10億人を超え、今や世界で最も有名なSNSです。日記や写真の投稿と共有や友達同士でのメッセージのやり取りなどが可能です。

✓ Facebook②

　実名性が高く、本名での登録が必要でプロフィール写真も本人であることが多いです。SNSの中では、リアルなコミュニケーションに向いているツールと言えます。

156

✓ Facebook③

FacebookはWixとの連動性が高く、制作したページ内に「いいね」ボタンやWix内部ブログのシェアボタンの設置が可能です。Wixサイトの動向がFacebook上に反映しやすいです。

✓ Twitter①

Twitter（ツイッター）は、Facebookと並ぶ世界的に主要なSNSの一つです。一度に投稿できる文字数は140までと制限があるのが特徴です。

✓ Twitter②

一般的に、Twitterで文章を投稿することを「つぶやく」「ツイートする」と呼びます。他のユーザーをフォローすることで、自分のタイムラインに、そのツイートが表示されます。

SNS（ソーシャル・ネットワーキング・サービス）の活用

☑ Twitter③

　Wixでは、ホームページ内にフォローボタンの設置や、訪問者にサイトのコンテンツやリンクをツイートしてもらうことが可能です。

ボタンを設置してサイトのフォロワーの増加を図ろう

☑ Instagram①

　Instagram（インスタグラム）は、主に写真共有を目的としたSNSです。写真の編集機能が豊富で、その写真をもとに他のユーザーと繋がることができます。

☑ Instagram②

　Instagramは、FacebookやTwitterよりも拡散性が弱いため、Instagram外部のSNSで告知を行い、その中でフォロワーの増加を図ると良いでしょう。

☑ Instagram③

　視覚に訴える趣きが強いInstagramは、Wixの自作ホームページ内でも、見ていて楽しい独特の写真をアップしていくことがアクセス数増加のカギとなります。

サイト内にインスタグラムフィードが追加できる

☑ Pinterest①

　Pinterest（ピンタレスト）とは、ネット上のウェブサイトやPinterest上にある画像を集めることができる画像収集用のSNSです。ウェブサイトに訪問者を誘導する力が非常に強力なSNSです。

☑ Pinterest②

　FacebookやInstagramは過去の情報を溜めておくもの、Twitterは「今」を発信するものに対して、Pinterestはこれから先の行動に活用できる情報を溜めていくものと考えましょう。

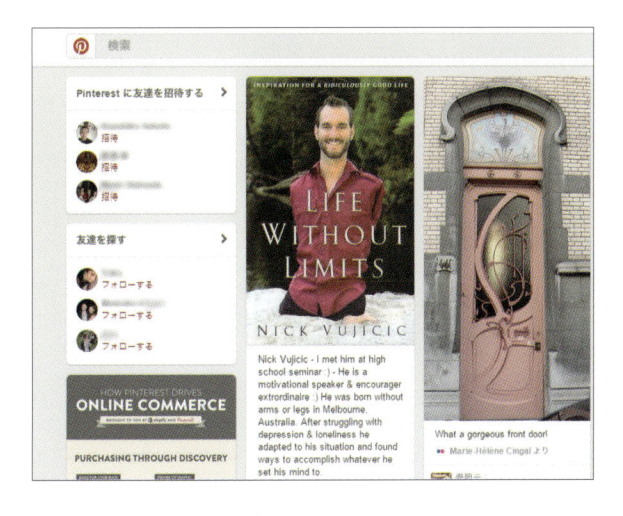

SNS（ソーシャル・ネットワーキング・サービス）の活用　　159

☑ Pinterest③

「ピンボタン」を追加するとPinterestユーザーに簡単にシェアしてもらえます。ボタンを追加してサイトの拡散を促しましょう。

☑ Google+①

Google+（グーグルプラス）は、友だちや家族、同じ趣味の仲間という関係ごとにグループ分けが可能で、主にユーザー同士の情報の共有に特化したSNSです。

☑ Google+②

Google+は、検索エンジンのGoogleと連動性が強いので、Wixのホームページの更新内容は、Google+へも投稿することで、より早い検索エンジンへのインデックスが期待できます。

☑ Google+③

WixのGoogle+コミュニティでは、ユーザーが気軽に意見を投稿することができます。

☑ その他のSNSの活用①

この他にも数々のSNSが存在しますが、SNS側とWixのホームページ側の両方で定期的に更新を行い、最終的にそのホームページへアクセスを集約していく流れを作ることが大切です。

SNSを最大限に利用しよう

☑ その他のSNSの活用②

ウェブマーケティングの観点から、それぞれのSNSの特性を把握し、可能な限り多く活用することも、アクセスアップのカギとなります。

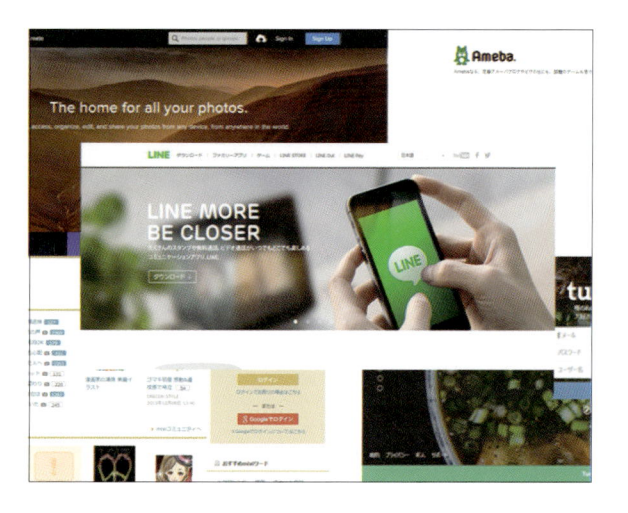

SNS(ソーシャル・ネットワーキング・サービス)の活用

Chapter 7 ● ウェブマーケティングを知って更に集客

Day 4

アクセス解析①

✓ ここで学ぶこと

アクセス解析とは、主にホームページのアクセス数やコンバージョンの向上を目的として、アクセス数、閲覧者の性別、地域、環境、その他の特性を調査し分析を行うことを指します。

1 自社のホームページについて知る

ホームページを公開して一定の期間が経過したら、客観的にどんな状態かを詳しく知るために、アクセス解析が必要です。

✓ アクセス解析の目的

解析によって得られたデータから閲覧者像を明確化させ、自社のホームページの具体的な改善点を洗い出すのが目的です。

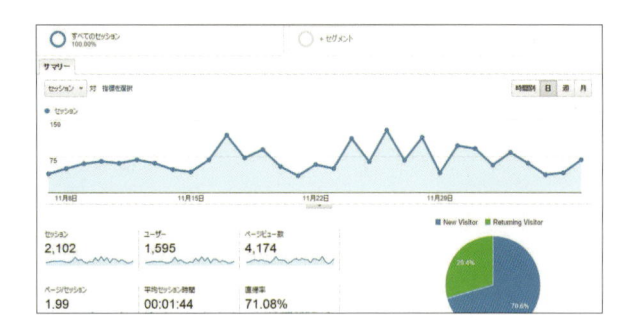

✓ 解析で具体的にわかること

アクセス解析では、ホームページの閲覧回数、閲覧時間、閲覧者の性別、年齢、ホームページにたどり着いた検索ワード、PCで閲覧したのかスマートフォンで閲覧したのかなど、ありとあらゆるデータが得られます。

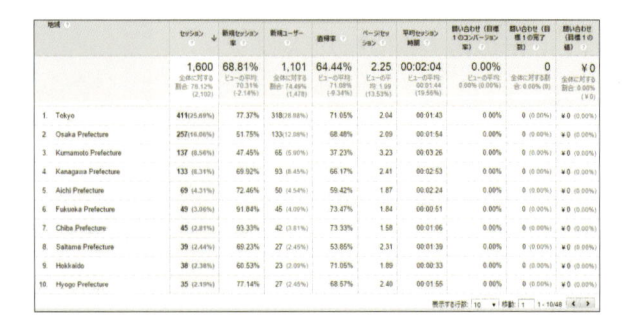

162

☑ 単なるアクセスカウントではない

アクセスカウンタからは、単純なホームページへの閲覧数しかわかりません。解析によって、アクセスされた数値の背後にある様々な状況の変化を垣間見ることができます。

☑ アクセス解析でできること

アクセス解析でできることの中で最も重要なのは、解析によって得られたデータから、アクセス数の多いページのコンテンツで強化すべき所を割り出せる点や、ユーザーにとって使いやすいデザイン修正の判断材料として活かせる点です。

☑ いつ解析するのか

解析のタイミングは、基本的にサイト運営の改善を行いたい時はいつでも必要です。アクセス数の増加、広告の効果測定など、解析とデータの把握が常にされている状態が理想です。

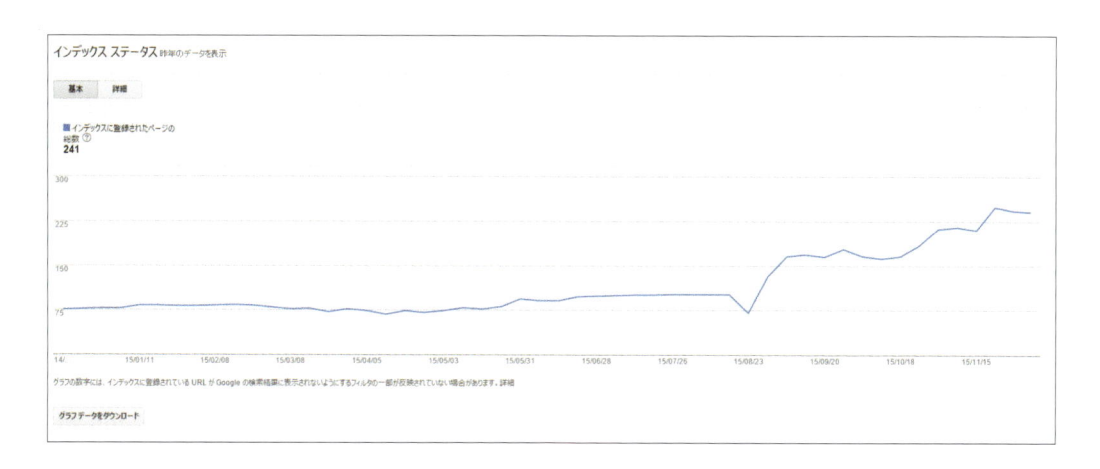

アクセス解析① 163

Chapter 7 ● ウェブマーケティングを知って更に集客

Day 5

アクセス解析②

✓ **ここで学ぶこと**

アクセス解析の手法には様々なバリエーションがありますが、ここでは解析ツールのGoogle Analytics（登録方法は本書P.174ページ参照）で行える手法を解説します。

1　解析の前に準備すること

まず自社ホームページの良い点や悪い点、どんなページで構成されているか、どんな導線で繋がっているかを把握します。

Step 01　色々な項目のデータを見てみる

　まず、アナリティクスに登録した自社サイトのデータ閲覧ページで、サマリーの項目からセッション・ユーザー・ページビュー数・ページ/セッション・平均セッション時間・直帰率・新規セッション率を確認します。

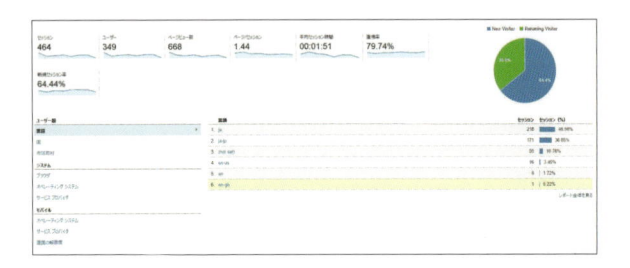

Step 02　数値の変化を見る

　グラフと数字で簡単に数値の変化を確認できます。長期間運営しているホームページであれば、季節ごとの変化、短期間であれば直近の1か月でも数値がどのように変化しているかを確認します。

Step
03 数値の変化から傾向を確認

アクセス数が増加傾向か減少傾向か、ある期間や月、曜日だけ変化していないか、変化していたなら何が理由なのか、変化したタイミングで施策を実施したのかなど、何が起きていたかの要因を探ります。

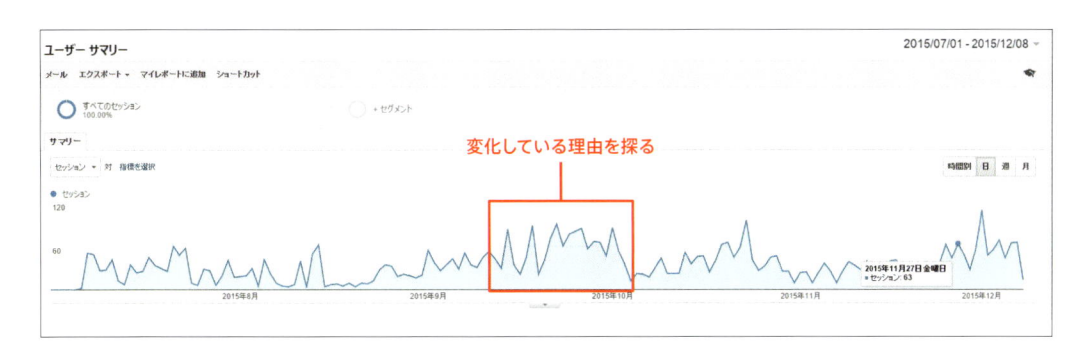

Step
04 自社サイトへの流入経路を確認

レポート画面の左側メニュー、「集客」>「すべてのトラフィック」>「参照元/メディア」より、自社のホームページへの流入元が検索エンジン、SNS、他のウェブサイトのうち何が多いのか、何を改善すべきなのか確認しましょう。

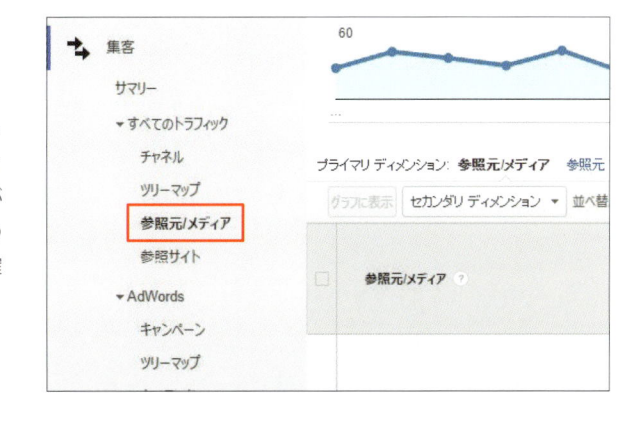

Step
05 流入元の検索エンジンを確認

上記の流入元のサイトの中で、まずは検索エンジンであるGoogleとYahoo!からの流入数や、その他の特徴を把握しましょう。

Step 06 流入元の参照サイトの確認

検索エンジン以外で、どのようなサイトから自社ホームページへ流入しているのか確認しましょう。画面中央の「参照元/メディア」の列にあるデータの「/」の前の部分は流入元のドメインです。

Step 07 流入検索ワードの順位を確認

レポート画面の左側メニュー、「集客」>「検索エンジン最適化」>「検索クエリ」>画面中央の「クリック数」をクリックし、サイトへの流入のきっかけになっているキーワードの順位を確認しましょう。

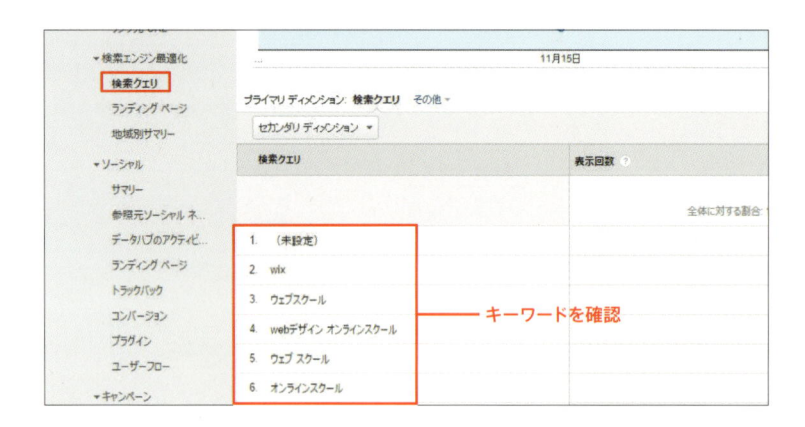

Step 08 入口ページからの流入状況

レポート画面の左側メニュー、「行動」>「行動フロー」から閲覧者が、自社ホームページのどのページから閲覧を開始し、どれくらいの割合で離脱しているのか、または別のページへ遷移しているのか確認しましょう。

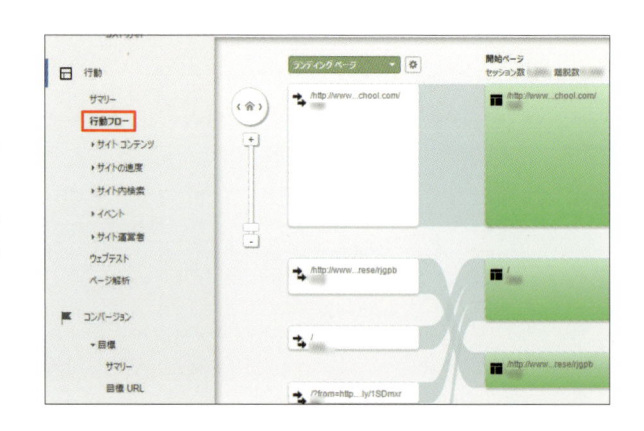

Step 09　入口ページからの遷移先の確認

主な入口になっているページからどのページへ遷移しているかを細かく確認しましょう。

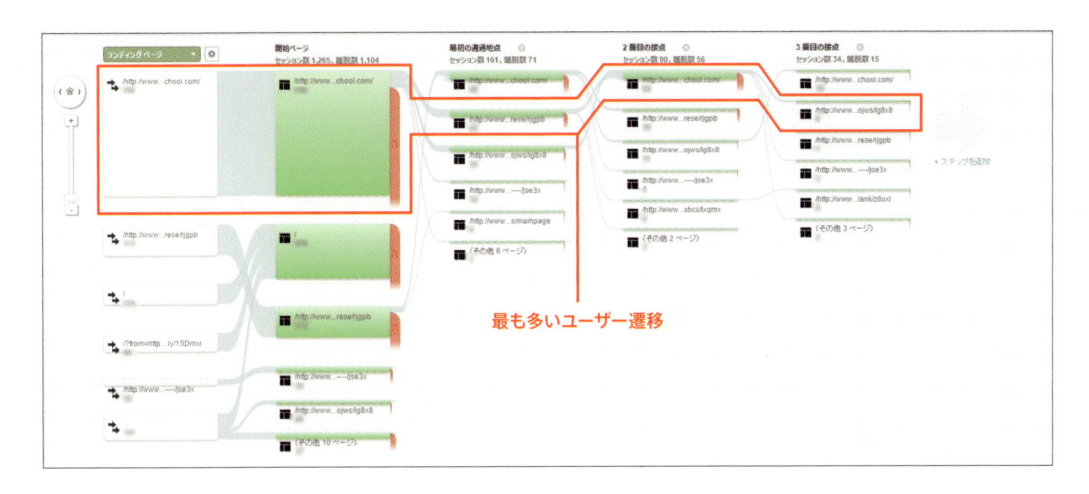

Step 10　改善点の洗い出し

解析から掴んだ傾向（トレンド）、流入経路、サイト内でのユーザーの流れを総合的に纏めて訪問者が流入、閲覧、離脱した要因、興味を持っていると思われるコンテンツの洗い出しを行いましょう。

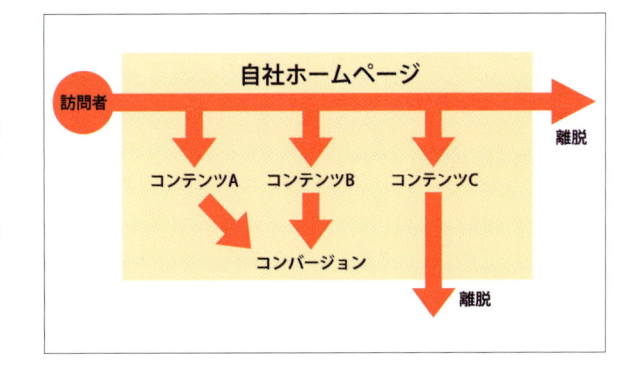

Step 11　強化すべきコンテンツ

サイトへの流入のきっかけになっているキーワードの中で、順位が高いキーワードが関連しているコンテンツを自社ホームページ内に追加していきます。Wixの場合はブログなどを利用し定期的に更新しましょう。

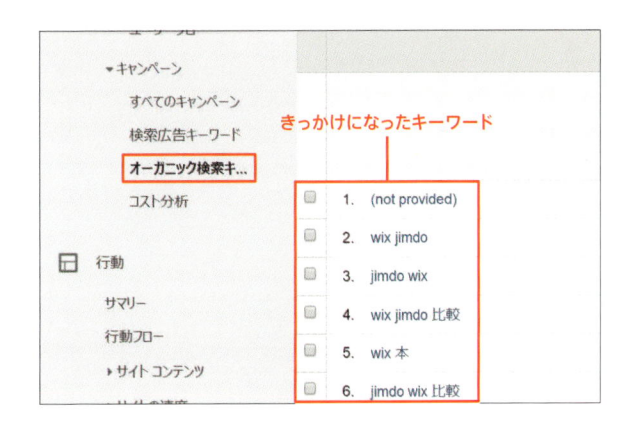

2 コンバージョン状況の分析

Google Analyticsでは、自社ホームページでコンバージョン（成果）がどのように起こっているかを確認できます。

Step 01 目標を作成する

アナリティクスのトップ画面上部の「アナリティクス設定」＞サイトを選択＞「アカウント設定」を選択し、画面右側の「ビュー」の項目にある「目標」をクリックし、次の画面で「＋新しい目標」をクリックします。

Step 02 目標の設定

テンプレートの中から、該当するものを選択するか、該当する選択肢がなければ「カスタム」を選択します。次の画面で「目標」に名前を付け「続行」をクリックします。

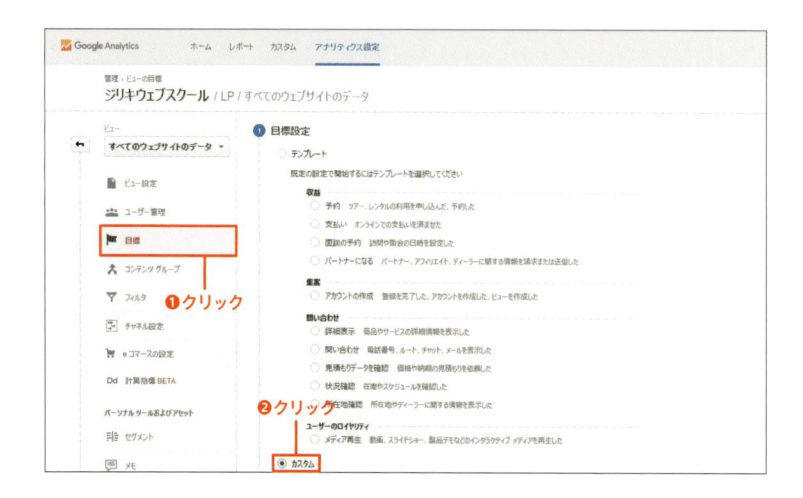

Step
03 URLの設定

ここではタイプを「到達ページ」で設定した場合を解説します。コンバージョン時のThank Youページのドメイン以降のURL（ページアドレス⇒Wixでは独自で生成されません）などを入力します。

Step
04 コンバージョンの状況確認①

Google Analyticsでの目標設定が完了後、一定期間が経過した後にコンバージョンの状況を確認しましょう。特にフォームや決済画面への入り口にあるページのアクセス状況を集中的に確認します。

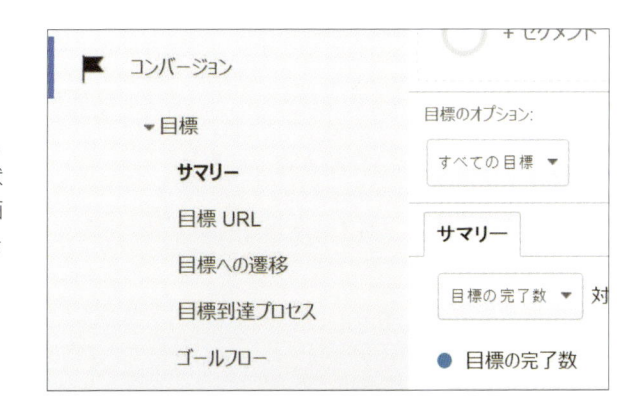

Step
05 コンバージョンの状況確認②

施策を行った後はコンバージョン率とコンバージョン数を確認し、変化があればその要因を探りましょう。分析結果を再び施策に反映させ、更にコンバージョンを向上させましょう。

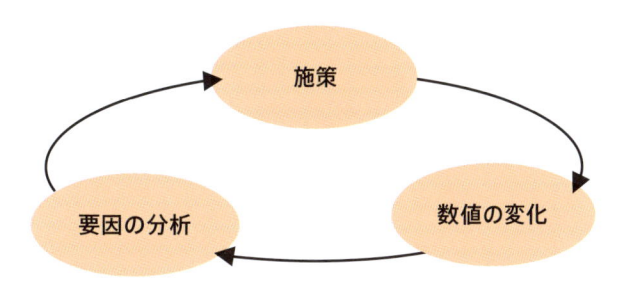

Chapter 7 ● ウェブマーケティングを知って更に集客

Day 6

ウェブマスターツールとGoogle Analyticsへの登録

✓ ここで学ぶこと

ウェブマスターツールとGoogle Analyticsは、Googleが無料で提供しているアクセス解析ツールです。Wixで制作したホームページをアップグレードすることで、データの閲覧が可能になります。

1　ウェブマスターツール

まずはウェブマスターツールのアカウント作成手順から、次に自作Wixサイトのウェブマスターツールへの登録手順を説明します。

Step 01　準備するもの

　GmailアカウントなどのGoogleサービスのアカウントが必要です。そのアカウントのIDとパスワードでウェブマスターツールにログインできます。

Step 02　Googleアカウントの作成

　Googleアカウントを持っていない場合は、https://accounts.google.com/SignUp?service=mailにアクセスし、アカウントを作成します。

170

Step
03　Search Consoleにログイン

https://www.google.com/webmasters/ へアクセスします。GoogleアカウントのIDとパスワードでログインします。

Step
04　プロパティの追加①

　ウェブマスターツール上では、登録しているサイトの単位を「プロパティ」と呼びます。Search Consoleのトップ画面右上の「プロパティを追加」のボタンをクリックします。

クリック

Step
05　プロパティの追加②

　次に表示される「プロパティを追加」ウィンドウの空欄に、登録したいサイトのURLを入力します。

URLを入力

ウェブマスターツールとGoogle Analyticsへの登録　171

Step
06 サイト所有権の確認①

プロパティの追加者が、サイトの所有者なのかを認証します。画面上部の「別の方法」をクリックし、「HTMLタグ」のラジオボタンにチェックを入れるとmetaタグが表示されるので、これをすべてコピーします。

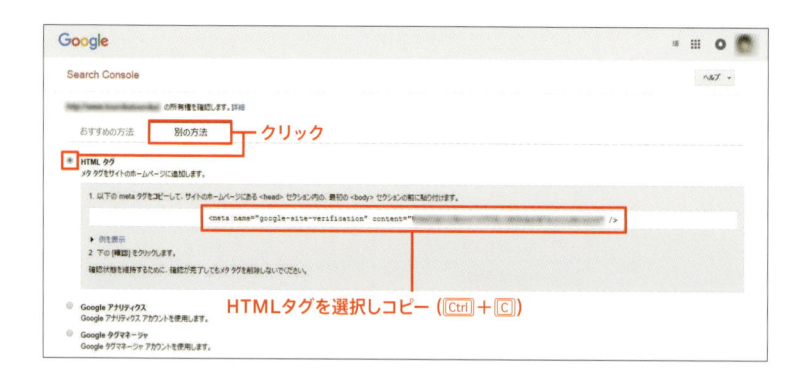

Step
07 サイト所有権の確認②

登録したい自作のWixホームページのエディタを開き、エディタ画面上部の「サイト」＞「サイト設定」＞「SEO」＞「ヘッダーコード - メタタグ」の空白部分に、metaタグを貼り付けます。

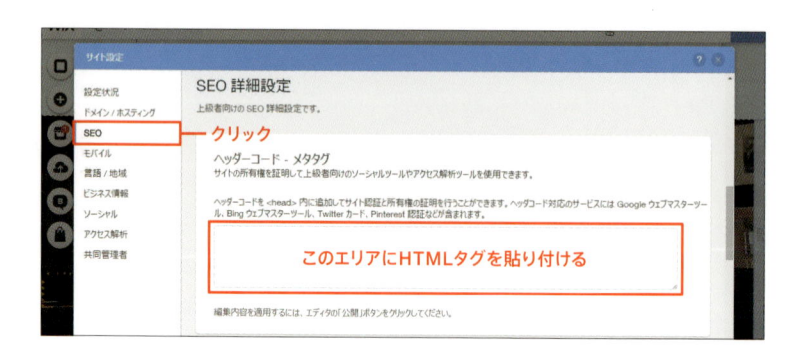

Step
08 サイト所有権の確認③

metaタグの貼り付けが完了したら、「サイト設定」のウィンドウを閉じ、エディタ画面右上の「保存」と「公開」をクリックします。

Step
09 サイト所有権の確認④

　ウェブマスターツールの画面に戻り、画面左下の「確認」をクリックします。ここで所有権の確認は完了です。完了後、画面左上のSearch Consoleをクリックし、トップへ戻ると登録が確認できます。

Step
10 サイトマップの送信①

　サイトの登録直後は検索エンジンがホームページの存在に気付いておらず、気付くまでに日数もかかります。しかし、サイトマップを送信することで登録者が検索エンジンにサイトの存在を知らせることが可能です。

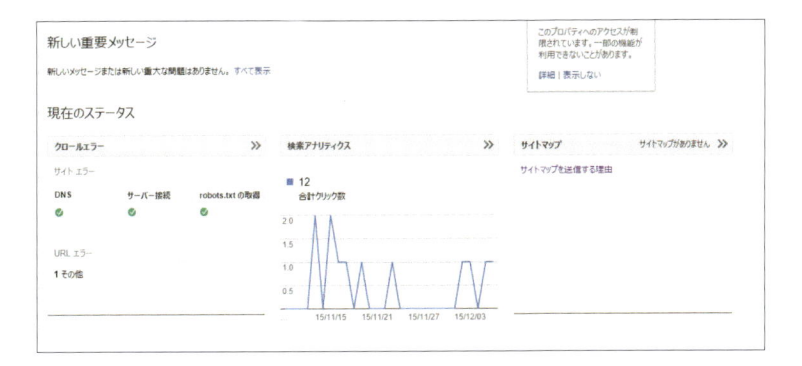

Step
11 サイトマップの送信②

　トップ画面で、サイトマップを送信したいサイトのURLをクリック＞「サイトマップの追加/テスト」＞空白に「sitemap.xml」と入力後、「サイトマップを送信」をクリックすると送信が完了します。

ウェブマスターツールとGoogle Analyticsへの登録　　173

2 | Google Analytics

次に自作WixサイトのGoogle Analyticsへの登録手順を説明します。

Step 01 準備するもの

ウェブマスターツールと同様にGoogleアカウントでログイン可能です。ただし登録したい自作のWixホームページはアップグレードし、独自のドメインが必要です（P.82参照）。

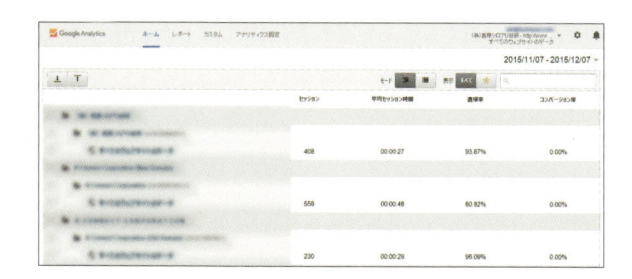

Step 02 ログイン（アカウントの作成）

https://www.google.com/analytics/ にアクセスします。GoogleアカウントのIDとパスワードでログインします。

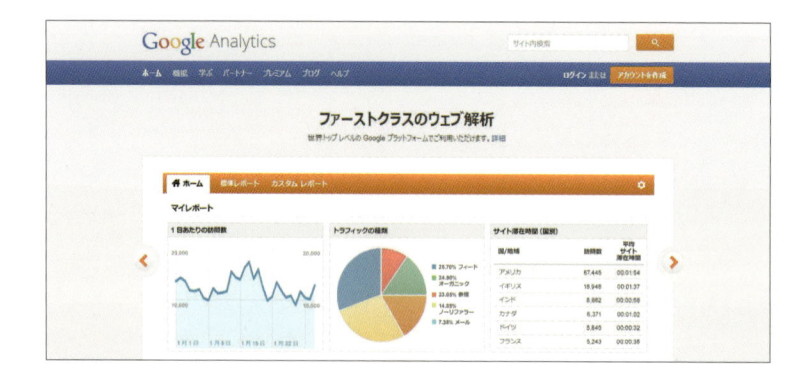

Step 03 利用の申し込み

初めてログインする場合は、画面右側の「お申し込み」ボタンをクリックします。

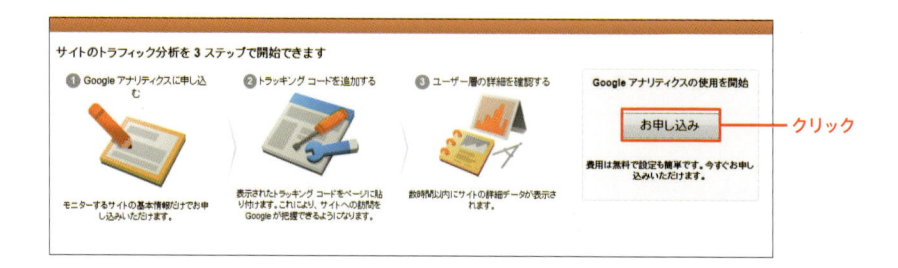

Step
04 ウェブサイトの登録

　Google Analytics上では、登録するサイトをグループ（アカウント）ごとに管理できます。まずはアカウント名、登録したいウェブサイトの名前、URL、その他の項目も適宜、入力しましょう。

Step
05 トラッキングIDの取得①

　サイトの情報の入力が完了したら、「トラッキングIDを取得」をクリックします。次に、利用規約は日本語に変更し、同意します。

Step
06 トラッキングIDの取得②

　次の画面で「UA-」で始まるトラッキングIDが表示されるので、数字の部分まで、すべてをコピーします。

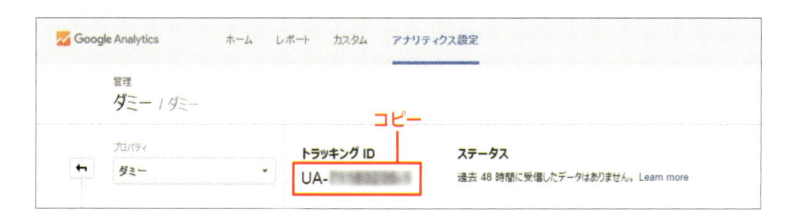

ウェブマスターツールとGoogle Analyticsへの登録　　175

Step
07 トラッキングコードの登録①

　Wixのアカウントにログインしマイサイトのページを開きます。トラッキングコードを登録したいサイト（独自ドメインあり）の「サイト設定」をクリックします。

Step
08 トラッキングコードの登録②

　画面上の「ドメインを管理」＞「プレミアム管理」の画面で「基本」のタブが選択された状態で「Googleアナリティクス」の右側にある「更新」をクリックします。次にトラッキングIDを入力し登録完了です。

Step
09 データの閲覧①

　ここで2つのツールの登録が完了したところで、データの見方について解説します。ウェブマスターツールではまず、登録したサイトごとに「検索トラフィック」＞「検索アナリティクス」を見てみましょう。

Step
10 データの閲覧②

　まず日付の設定を行い、データを確認する期間を設定し、クリック数、表示回数、CTR（クリック率）、掲載順位の推移を確認できます。画面下の「クエリ」で、それぞれの項目の具体的な数値を確認できます。

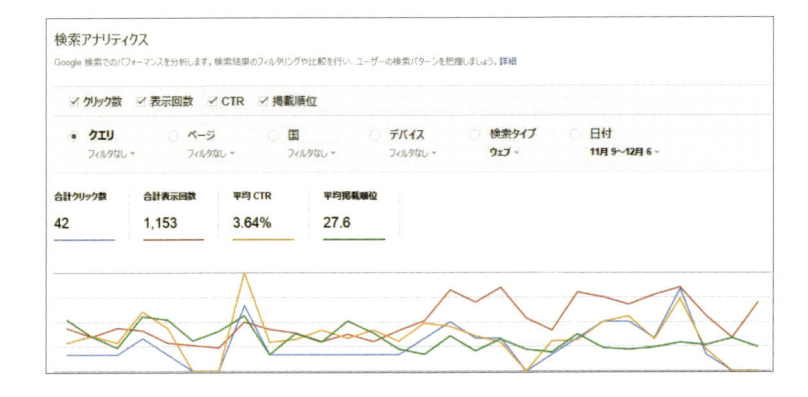

Step
11 データの閲覧③

　Google Analyticsは、主にホームページ閲覧者のサイト内での動きを見るためのものです。詳細は本書P.162を参照しましょう。

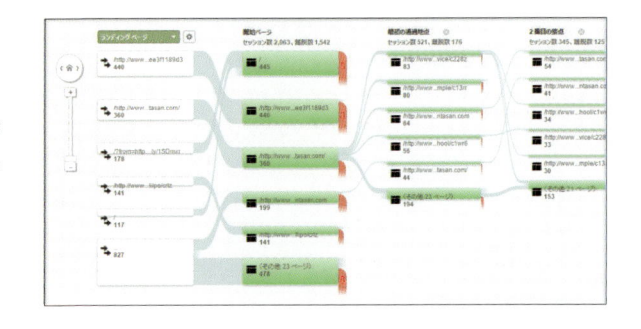

ウェブマスターツールとGoogle Analyticsへの登録　　177

Chapter 7 ● ウェブマーケティングを知って更に集客

Day 7

SEM/SEO
検索エンジンからの集客

✓ ここで学ぶこと

このチャプターではまず、SEMとSEOそれぞれの定義を明確化し、リスティング広告についても理解を深めます。次に、Wixのエディタ上での具体的なSEO設定方法を解説します。

1 SEMとSEOの違い

SEMとSEOは、お互いに違いが曖昧なまま理解されていることが多いので、何がどう違うのか、それぞれの定義を確認します。

✓ SEOの定義

　サーチ・エンジン・オプティマイゼーションの略で、検索エンジン最適化とも呼ばれます。ウェブサイトの内容や構造を、訪問者にとって有益で使いやすいものに最適化させ、検索エンジンで上位表示を図る施策です。

✓ SEMの定義

　SEMとは、SEOやリスティング広告を駆使したウェブ上でのマーケティングの総称です。したがってSEMとSEOは同列の概念ではありません。SEMの中にSEOやリスティング広告が含まれるイメージです。

! Point!

リスティング広告とは…
検索エンジンで、ユーザーがキーワードを検索したときに、その結果に連動して表示される広告のことです。

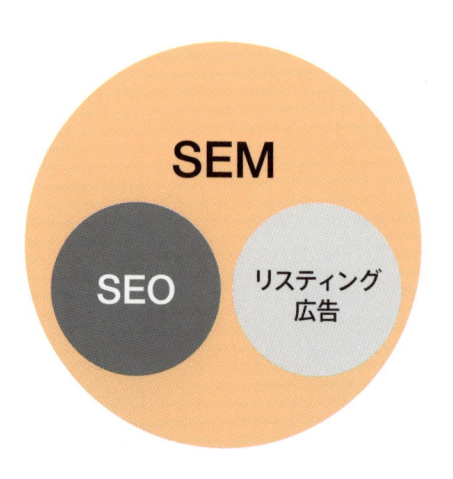

178

☑ リスティング広告の定義

　SEOは、無料で検索エンジンの上位表示を図りますが、リスティング広告は有料で検索結果の上位表示を図ります。更にニュースやブログサイトに自社広告を掲載し、自社サイトへの流入を図るものもあります。

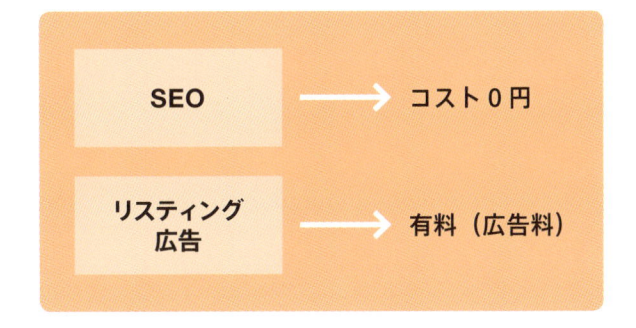

☑ リスティング広告の仕組み①

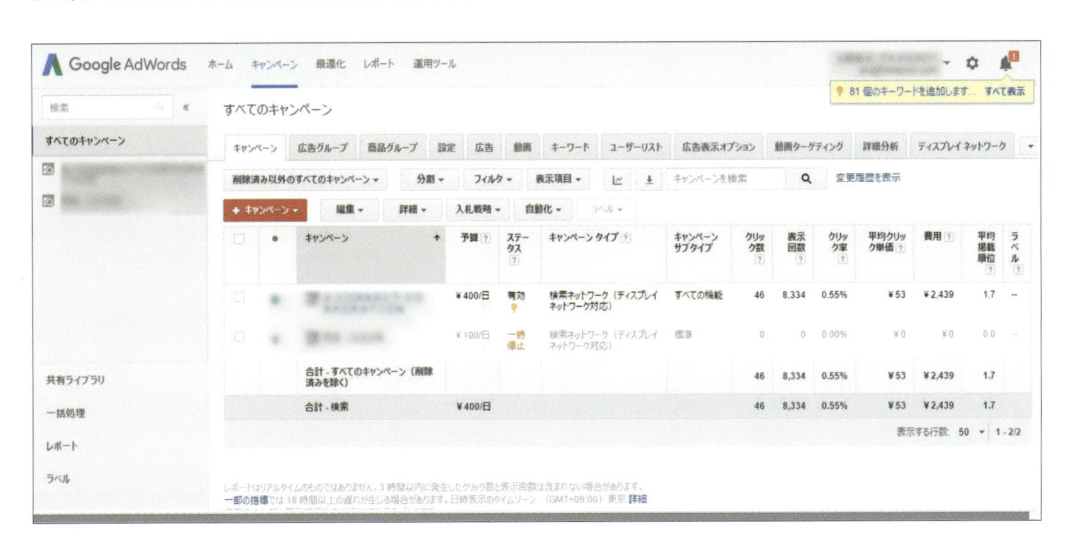

　Google AdWords（アドワーズ）やYahoo! JAPANプロモーション広告などのリスティング広告サービスに、検索キーワードごとの入札制で広告料を支払い、検索エンジンで上位表示を図ります。

☑ リスティング広告の仕組み②

　リスティング広告では、広告がクリックされるごとにクリック単価と呼ばれる広告費が発生するため、PPC（＝ペイ・パー・クリック）とも呼ばれます（P.194参照）。広告費は1日単位で上限設定が可能です。

SEM／SEO　検索エンジンからの集客

☑ リスティング広告のメリット

　リスティング広告は、キーワードに対する入札額で検索エンジンでの順位が確定するため、コストをかければ、SEO対策で上位の他社サイトの順位を瞬時に追い越し、自社広告の上位表示が可能です。

☑ リスティング広告のデメリット

　リスティング広告は効果に即効性がありますが、頻繁に検索される人気のキーワードは入札額が高額です。そのため長期運用ではコストが大きくなりやすく競争も激しいので、検索結果の上位表示も難しくなります。

☑ リスティング広告の有効利用

　人気のキーワードで入札した場合、低い順位で広告が掲載されればクリックされにくく、仮に上位表示ができても、無駄なクリックが多くなりやすいので、的を絞った安いキーワードで上位を狙った出稿がお勧めです。

☑ SEOのメリット

　SEOによって上位表示されたサイトは、リスティング広告に比べ、クリックされる率が大幅に高く、いったん順位を上げることができれば安定したアクセス数が期待でき、直接的なコストの発生はありません。

☑ SEOのデメリット

　SEOでは、掲載順位のコントロールが困難で、定期的にホームページ内のブログ更新などのコンテンツ強化を行う必要があります。更新を行わずに放置してしまうと順位が急激に下がる可能性もあります。

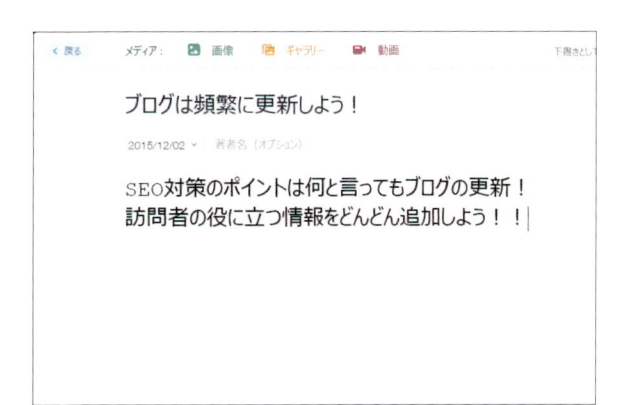

☑ アルゴリズムに左右されるSEO

　検索エンジンは、アルゴリズムと呼ばれる独自の計算式によって、常に無数のウェブサイトの評価と順位付けを行っています。そして、このアルゴリズム自体も改修や大幅なアップデートがされることがあります。

SEM／SEO　検索エンジンからの集客

✓ SEOに対する考え方①

検索エンジンの運営者は、個々のホームページの検索順位を確定する具体的な評価基準を公表していません。ただ、ユーザーにとって役に立つ、興味深いコンテンツを含むホームページが上位表示されるのは確かです。

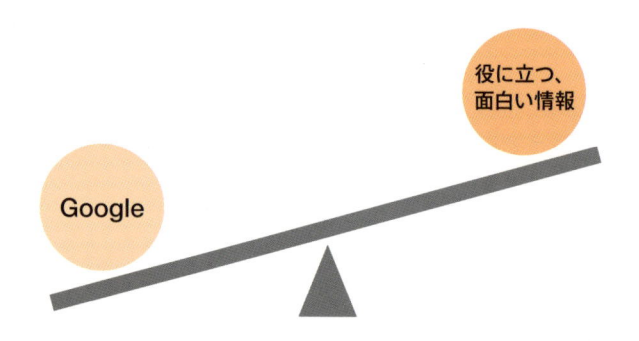

✓ SEOに対する考え方②

ホームページの評価を上げるには、ホームページ内で公開している情報の量とクオリティの両方が求められます。アクセス解析を行い、閲覧者が求めている情報を洗い出し、それを提供することが重要です。

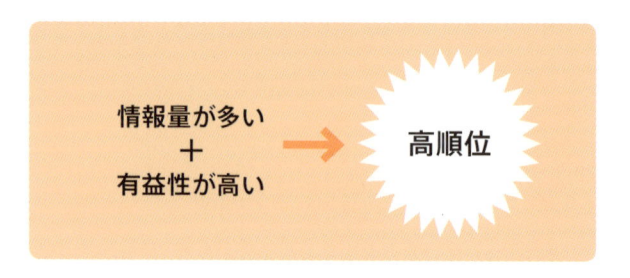

✓ SEOに対する考え方③

SEOに近道はありません。ホームページを定期的にコツコツと更新し、検索順位を上げるしかありません。検索エンジン側に、放置されていると判断されたホームページは、評価が急激に下がる場合もあります。

☑ SEOと
モバイルフレンドリー①

　通常、ホームページをスマートフォンで閲覧すると、ディスプレイが縦長のため、拡大や横スクロールをしないと閲覧しにくい問題がありましたが、これを改善するために「モバイルフレンドリー」機能があります。

☑ SEOと
モバイルフレンドリー②

　モバイルフレンドリーとは、スマートフォンの画面に適応させたレイアウトのホームページを意味し、拡大せずテキストが読みやすい、横スクロール不要、リンクやボタンがタップしやすいなどの基準があります。

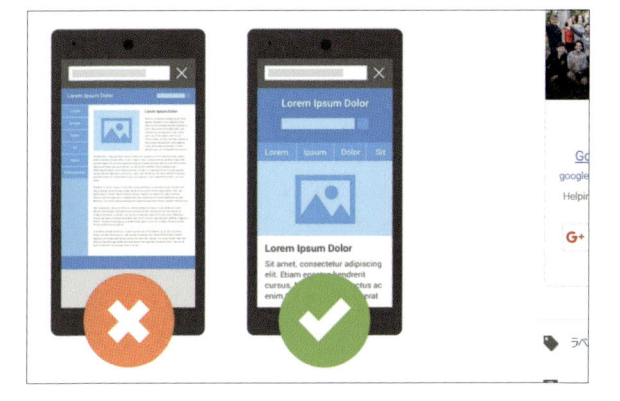

☑ SEOと
モバイルフレンドリー③

　Googleは、モバイルフレンドリー対応されているかを、ホームページの検索順位の評価基準に加えていると公表しています。Wixでは無料でモバイル対応のホームページ作成も可能です。

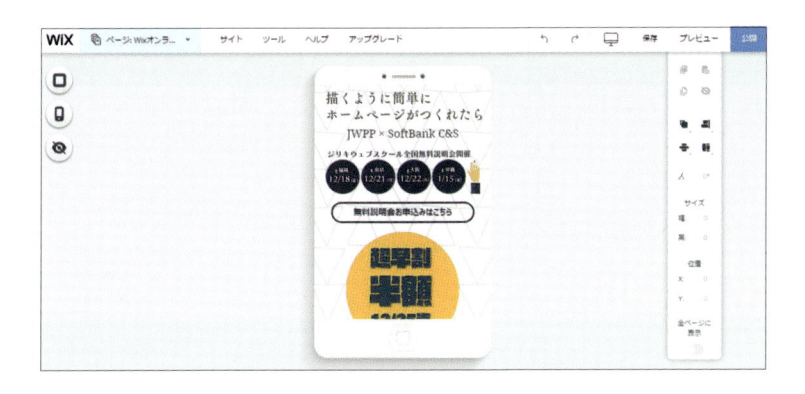

SEM／SEO　検索エンジンからの集客　183

☑ SEOとSEMに関するまとめ①

　ここまでの解説で、まずSEMは大きく分けてSEOとリスティング広告の2つから構成されていることが分かりました。

SEO＋リスティング広告＝SEM

☑ SEOとSEMに関するまとめ②

　限られた予算の中で、SEOとリスティング広告の2本柱のどちらを優先して行っていくべきか？両方を同時に行うべきなのか？次はそれがテーマになってきます。

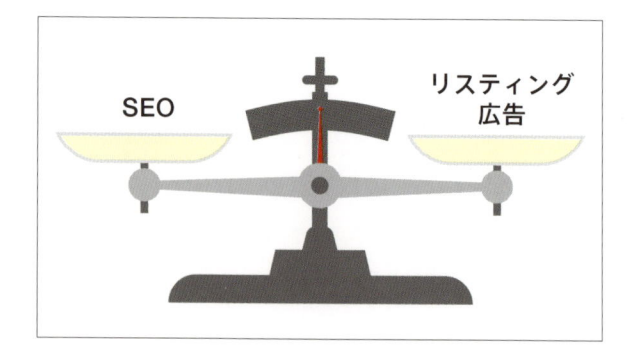

SEO　リスティング広告

☑ SEOとSEMに関するまとめ③

　先ず必要なのは、アクセス解析でも言える事ですが、現状把握です。アクセス数が不足しているのか？アクセス数は十分でもコンバージョンが不足しているのか？現状で弱点と言える部分を洗い出しましょう。

アクセス数不足
↓
存在が知られていない？

コンバージョン不足
↓
魅力が伝わっていない？

☑ アクセス数が不足している場合

完成直後のホームページなら当然ですが、アクセス数が極端に足りていない場合、少額でもリスティング広告から開始すれば、有効なキーワードを探すことも可能です。SEOはその後に始めても遅くはありません。

☑ コンバージョンができていない①

アクセス数が充分でもコンバージョンができていない場合、コンバージョンしやすい訪問者が検索するキーワードで上位になっていない可能性が高いです。

☑ コンバージョンができていない②

コンバージョン率は、SEOの見直しやホームページのリニューアル、リスティング広告のキーワード見直しで改善する可能性が高いです。どんなキーワードで上位表示されているのかや流入元を把握しましょう。

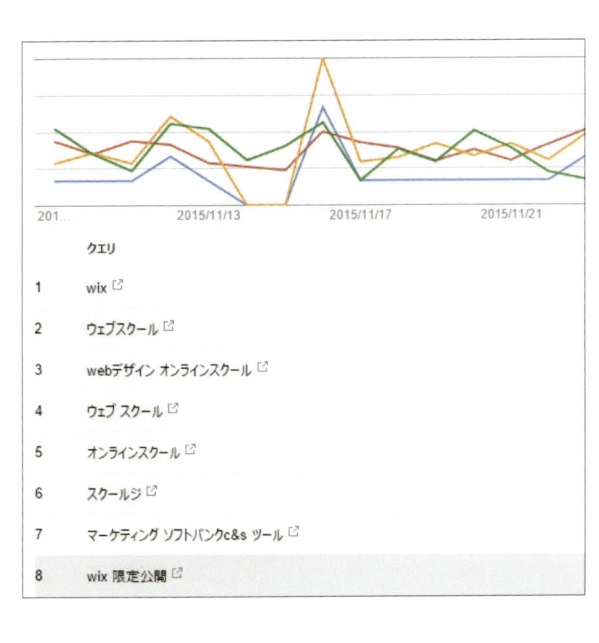

SEM／SEO 検索エンジンからの集客　　185

☑ Wixで可能なSEO設定

Wixでは、ホームページ内の各ページごとに、タイトル、ディスクリプション、キーワードの設定、ページアドレスの変更が可能です。そして検索エンジンへの掲載のオンとオフの切り替えも可能です。

Step 01　WixのSEO設定項目について

先ず、Wixで設定が可能な項目を把握しましょう。検索エンジンの検索結果画面で、青く表示されているページタイトル、説明にあたるディスクリプション、ヒットさせたいキーワードの設定がWixでは可能です。

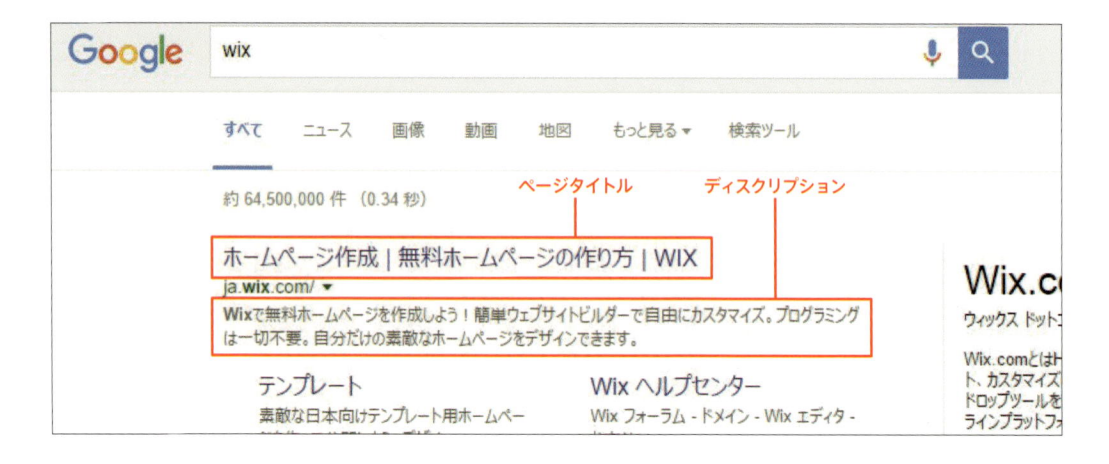

Step 02　Wixエディタ内での設定方法①

ホームページの各ページごとのページタイトル、ディスクリプション、キーワードの設定を行います。エディタ画面左上のページメニューをクリックし、設定したいページの設定アイコン（…）をクリックします。

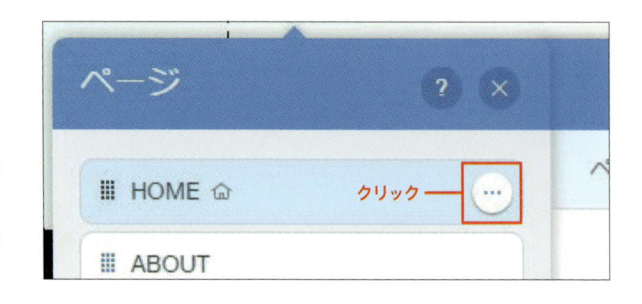

Step
03　**Wixエディタ内での設定方法②**

「ページ設定」ウィンドウの「SEO (Google)」のタブをクリックすると、それぞれの入力項目が表示されます。全てのページごとに、ページタイトル、ディスクリプション、検索キーワードを入力しましょう。

クリック

Step
04　**Wixエディタ内での設定方法③**

入力すると「ページ設定」ウィンドウの下部にある「Googleプレビュー」で検索エンジンでどのように表示されるかを確認できます。「検索キーワード」は検索エンジン上に反映しません。

Step
05　**Wixエディタ内での設定方法④**

トップページ設定しているページの「ページタイトル」は、サイト全体の「サイトタイトル」になります。ディスクリプションは検索エンジンで160文字までしか表示されないので160文字が入力限度です。

サイトタイトルをお探しですか？
サイトの SEO 設定はエディタ内に移動しました。
エディタを開き、画面左上の「ページメニュー」をクリック → トップページを選択 → 設定アイコン（...）をクリック → ページ SEO をクリック

検索エンジンのサイト掲載順を上げたい？すべてのページで固有のタイトルとディスクリプションを作成してください。

Wix の SEO に関する詳細はこちら

SEM／SEO　検索エンジンからの集客　187

Step 06　Wixエディタ内での設定方法⑤

トップページの設定は「ページ設定」ウィンドウの「ページ情報」のタブから設定が可能です。すでにトップページになっているページは、「トップページに設定しています」と表示されます。

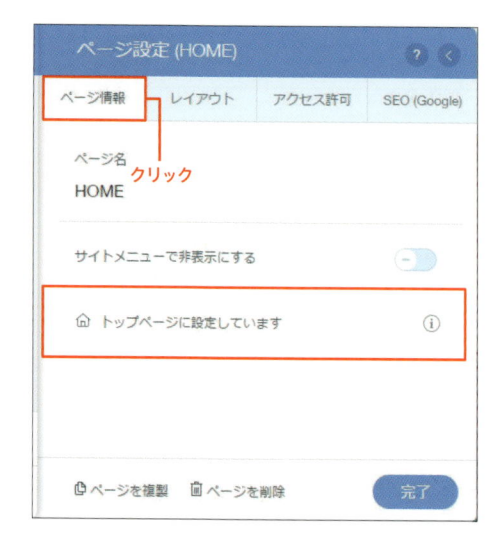

Step 07　Wixエディタ内での設定方法⑥

ページタイトルは、全てのページごとに、まず店舗名や企業名を付けるのが一般的です。更に業種、最後にHOMEなどページ名も付けると閲覧者に伝わりやすいです。適度に「｜」やハイフンで区切りましょう。

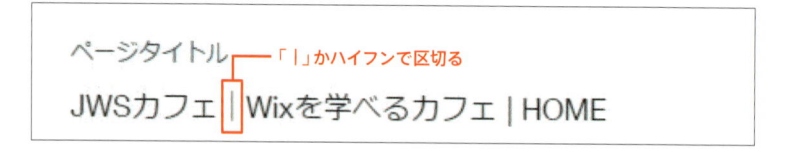

Step 08　Wixエディタ内での設定方法⑦

ディスクリプションも全てのページごとに、そのページがどんな内容のページなのかが分かりやすく伝わる内容を入力しましょう。検索結果表示画面では160文字までしか表示されないので簡潔に纏めましょう。

Step 09　Wixエディタ内での設定方法⑧

検索キーワードの設定は、必ず半角コンマでそれぞれのキーワードごとに区切ってください。同じ意味のワードでも漢字とアルファベットでは別のキーワードになります。

検索キーワード（コンマ区切り）
ホーム,カフェ,熊本,JWS,自力ウェブスクール

コンマで区切る

Step 10　Wixエディタ内での設定方法⑨

検索キーワードの設定でもう1点、重要なことはその個数です。少なすぎると検索でヒットしにくく、多すぎるとワードの効力が薄くなります。ページごとに10個程度が最適とされています。

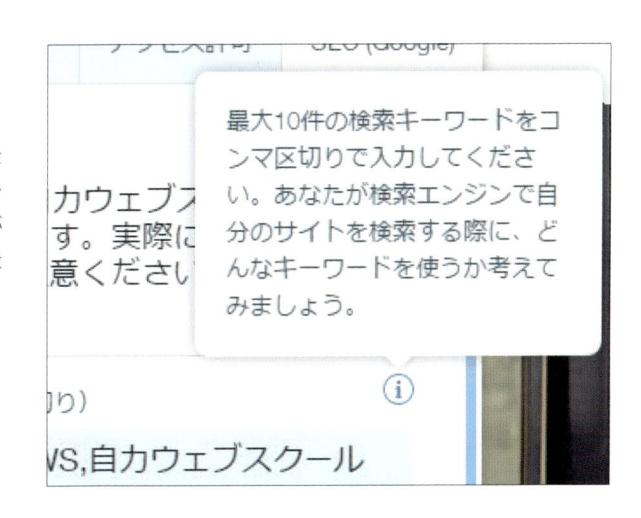

最大10件の検索キーワードをコンマ区切りで入力してください。あなたが検索エンジンで自分のサイトを検索する際に、どんなキーワードを使うか考えてみましょう。

Step 11　Wixエディタ内での設定方法⑩

ホームページを公開後、「ページ設定」ウィンドウの「SEO（Google）」のタブから「検索エンジンにページを掲載しない」をクリックすると「検索エンジンにページを掲載する」に切り替えが可能です。

検索エンジンにページを掲載しない

クリック

SEM／SEO　検索エンジンからの集客

Step
12 SEOウィザード①

Wixでは、SEO設定が適切かをチェックするツール、「SEOウィザード」があります。現時点では英語のみで、SEOの基本知識も必要なので難易度の高い機能です。

Step
13 SEOウィザード②

Wixログイン管理画面の「マイサイト」＞「サイト設定」＞「SEO」＞画面左「SEOウィザード」、またはエディタの画面上部「サイト」＞「サイト設定」＞「SEO」＞「SEOウィザードを開く」からも開けます。

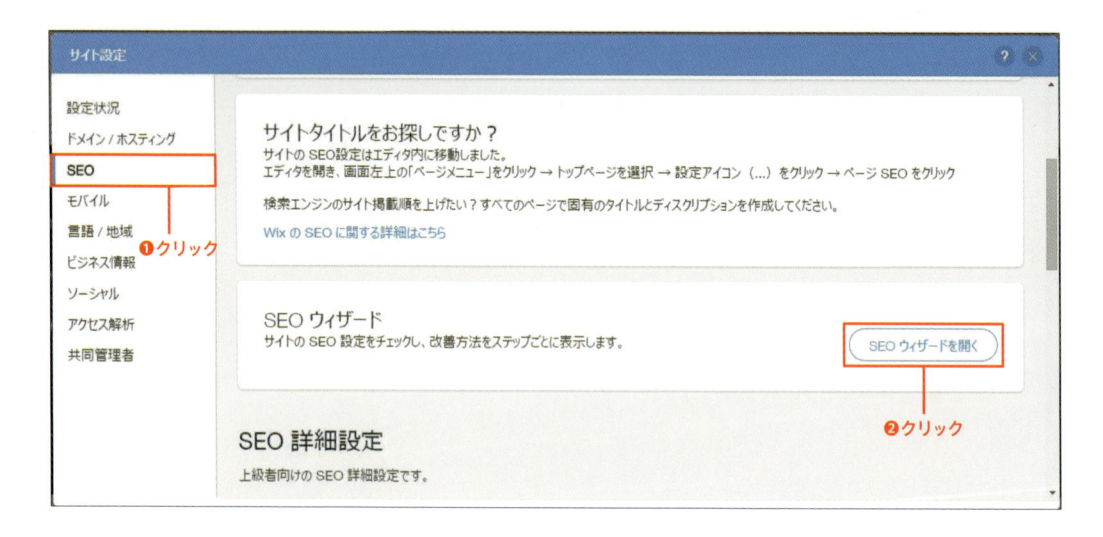

Step
14 SEOウィザード③

「SEO Wizard & Monitoring Tool」の画面が開きます。①Choose Siteでチェックしたいサイトを選択します。

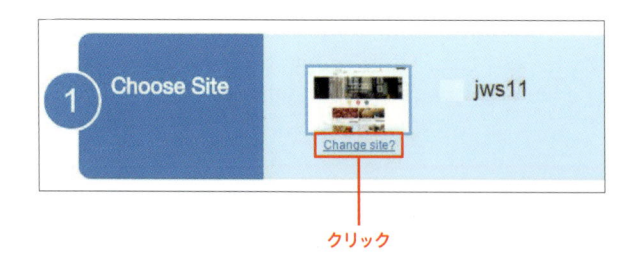

Step 15　SEOウィザード④

②Which search phrase will people use to find you on Google?でSEO向上を目指すキーワードを入力し、Get Reportをクリックします。

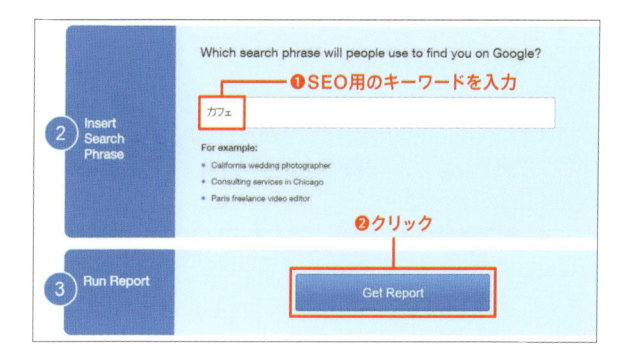

Step 16　SEOウィザード⑤

レポート結果のページが表示されます。表示が英語なのでGoogle翻訳を利用したり、ブラウザごとに備わっているページ翻訳機能を使って、それぞれの項目を確認してみましょう。

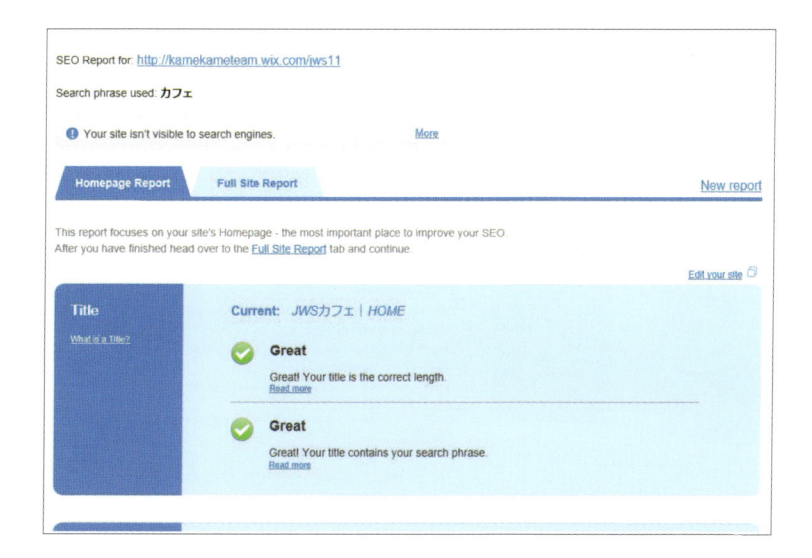

Step 17　SEOウィザード⑥

画面が開くと、Homepage Reportのタブが開いています。SEO的に問題がないと判断された部分は、英語だとGreat、日本語に翻訳された時は「素晴らしい」などと表示されます。

SEM／SEO　検索エンジンからの集客

Step 18　SEOウィザード⑦

翻訳した際に、タイトルなどと表示される項目は、検索エンジンで表示されるサイトタイトルです。Description（ディスクリプション）は説明の項目、H1はサイト内の見出し、画像名は代替テキストを意味します。

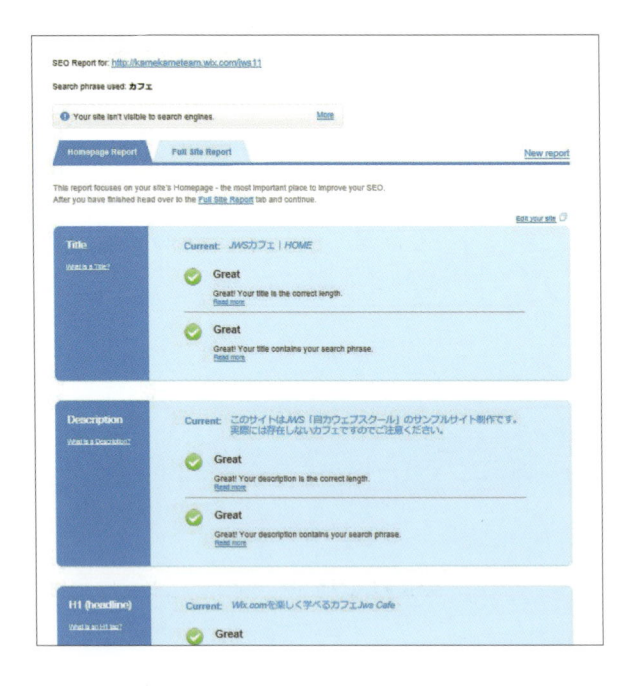

Step 19　SEOウィザード⑧

サイトタイトルはスペース（空白）を含め70文字以内が好ましいとされ、ディスクリプションはスペースを含め50〜160文字以内が好ましいとされています。この基準を満たせば「素晴らしい（Great）」になります。

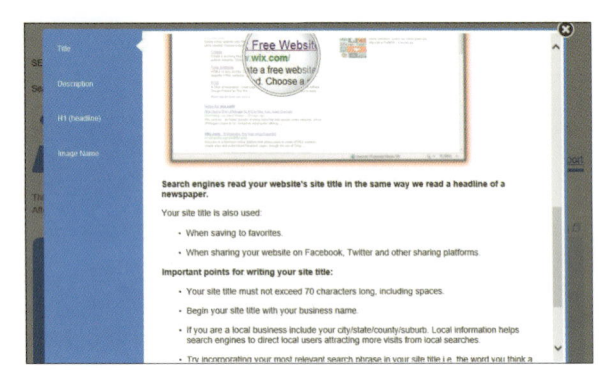

Step 20　SEOウィザード⑨

H1は、Wixエディタのページメニューで設定したページタイトルとは全く別で、ホームページ内に設置されたテキストの中で最も大きなカテゴリに分類される、いわばホームページ内部のタイトルです。

Step
21　SEOウィザード⑩

　H1は、SEOの観点からホームページ内に必ず一つ設置が必要で、店舗名や企業名をH1カテゴリに設定したテキストで設置します。Wixのテンプレートは初期段階では店舗名や企業名がほぼH1になっています。

ここにh1の表記がある

Step
22　SEOウィザード⑪

　「Image Name（画像名）」はホームページ内に追加した画像に代替テキストとしてキーワードが設定されているかをチェックします。SEOのために画像には漏れがないように代替テキストを入力しましょう。

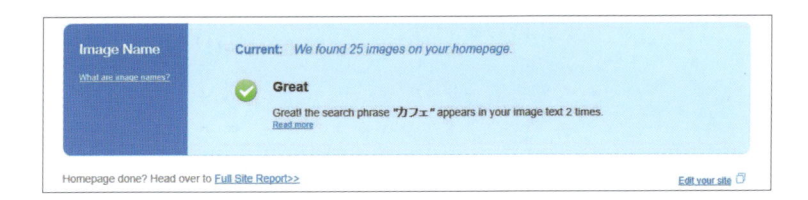

Step
23　SEOウィザード⑫

　Full Site Reportのタブでは、サイト内のテキスト量、全てのページにページタイトルや説明（ディスクリプション）が設定されているかを確認できます。

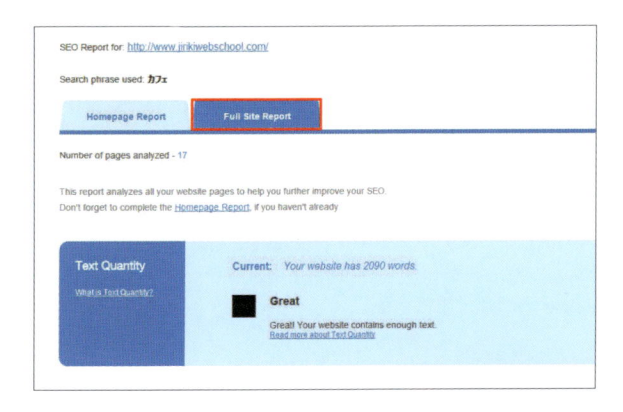

SEM／SEO　検索エンジンからの集客　193

Chapter 7 ● ウェブマーケティングを知って更に集客

Day 8

PPC／アフィリエイトを知ろう

✓ ここで学ぶこと

PPC（ペイ・パー・クリック）とはクリックごとの支払いを意味し、検索連動型広告、コンテンツ連動型広告などに細分化されます。

1 検索連動型広告

P.173でも触れたPPCについて、その種類を更に細かく解説します。

✓ 検索連動型広告とは①

P.173で解説したGoogle AdWords（アドワーズ）やYahoo! JAPANプロモーション広告などのリスティング広告サービスが、検索連動型広告にあたります。検索エンジンで上位表示を図ります。

検索連動型広告
- Google AdWords
- Yahoo! JAPAN

✓ 検索連動型広告とは②

検索連動型広告は、Google AdWords（アドワーズ）では「検索ネットワーク」、Yahoo! JAPANプロモーション広告では「スポンサードサーチ」と呼ばれていますが、基本的な意味は同じです。

Google AdWords	Yahoo! JAPAN
検索ネットワーク	スポンサードサーチ

意味は同じ

2 検索連動型広告の掲載順位

検索連動型広告において、検索エンジン上で自社の広告が表示される順位は、クリック単価（CPC＝入札単価）×品質スコア（品質インデックス）によって決まります。

☑ 品質スコア・品質インデックスとは①

Google AdWords（アドワーズ）では「品質スコア」、Yahoo!JAPANプロモーション広告では「品質インデックス」は、検索エンジンで検索連動型広告の掲載順位を決める重要な指標です。

順位 ＝ クリック単価 × 品質スコア（品質インデックス）

☑ 品質スコア・品質インデックスとは②

品質スコアとは、入札キーワード・作成したテキスト広告（検索結果に表示させる広告）・広告のリンク先の自社サイト・クリック率（広告がどのくらいクリックされているか）の関連性を数値化したものです。

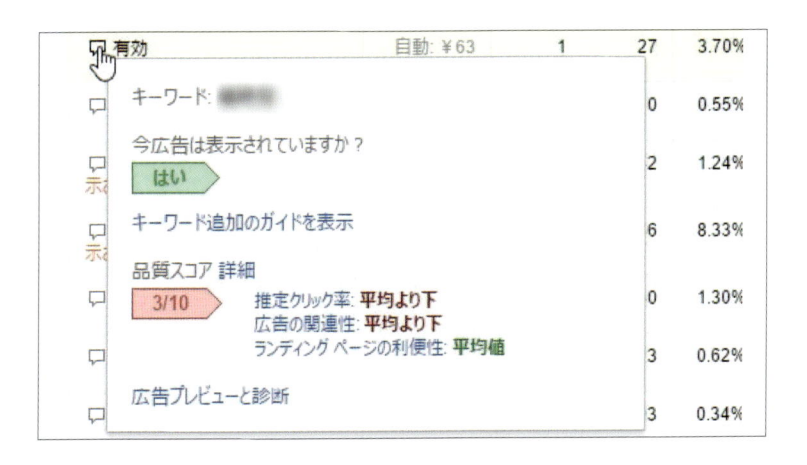

PPC／アフィリエイトを知ろう　195

☑ 品質スコア・品質インデックスとは③

「品質スコア・品質インデックス②」で品質スコアを構成するそれぞれの要素の関連性が高いと、品質スコア・品質インデックスは高くなり、広告費を安く、検索エンジンでも上位に表示させやすくなります。

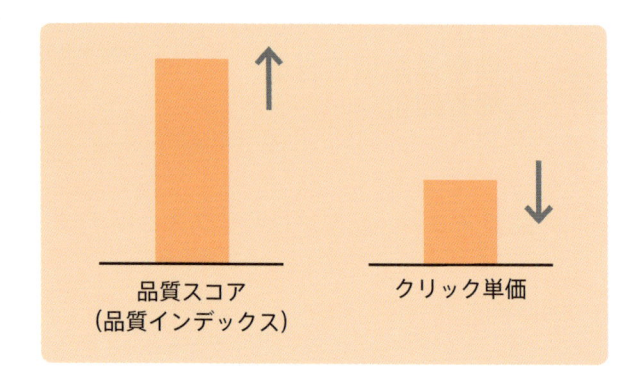

☑ 品質スコアの評価を上げるには①

品質スコアは10段階、品質インデックスは5段階評価です。評価を決める最も重要な要素はクリック率（CTR）で、これは検索エンジンで広告が表示された回数の内、何回クリックされたかで決まります。

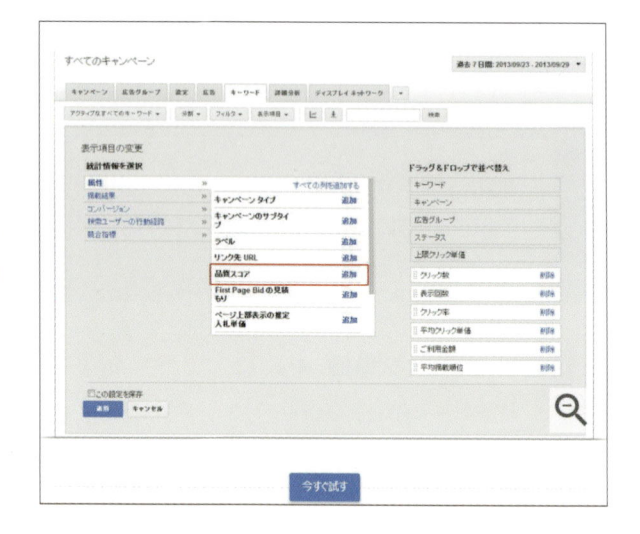

☑ 品質スコアの評価を上げるには②

検索エンジン閲覧者の大半は、広告タイトルの内容でクリックするかを決めるので、クリック率を上げるには、まずは広告のタイトルに工夫が必要です。検索キーワードを含んだ簡潔なタイトル設定を行いましょう。

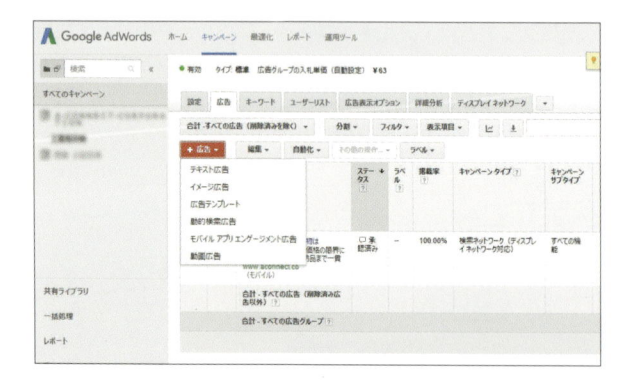

3 検索連動型広告の掲載順位

コンテンツ連動型広告とは、検索エンジンではなく、他社のニュースやブログサイトに自社のバナー広告やテキスト広告を掲載し、自社サイトへの誘導を図るものです。

☑ コンテンツ連動型広告とは

　コンテンツ連動型広告は、Google AdWords（アドワーズ）で「ディスプレイネットワーク」、Yahoo!JAPANプロモーション広告で「Yahoo!ディスプレイアドネットワーク」と呼ばれます。

☑ コンテンツ連動型広告の利点

　コンテンツ連動型広告においては、自社の広告の広告内容と、広告が掲載されるニュースサイトやブログの内容が連動しているため、その分クリックされやすい仕組みになっています。

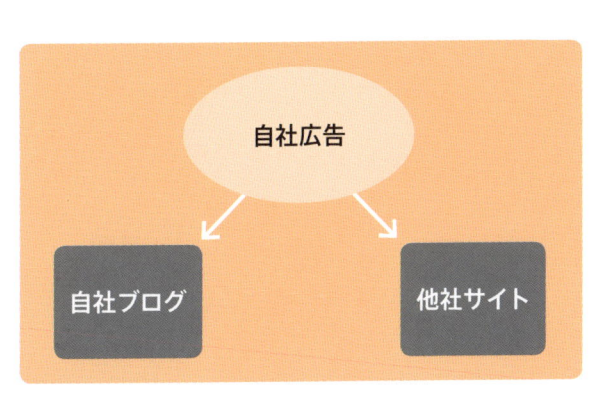

PPC／アフィリエイトを知ろう

4 アフィリエイト

次に、よく耳にする「アフィリエイト」について説明します。

☑ アフィリエイト①

　アフィリエイトとは、他社の広告を自社ホームページに掲載し、自社ホームページへの訪問者が自社ホームページ内に掲載した他社の広告経由でコンバージョンした際に成果報酬で収益を受け取る仕組みです。

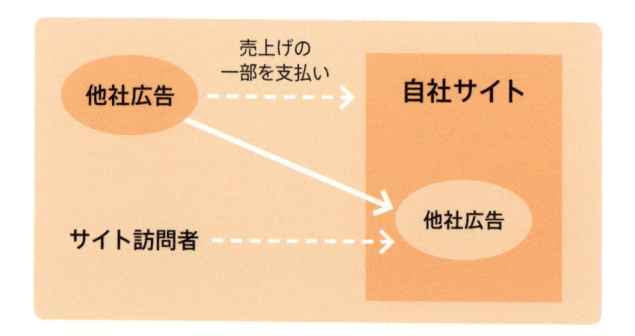

☑ アフィリエイト②

　今回は、アフィリエイト①とは逆に、自社の広告を他社のホームページに掲載し、成果報酬を支払う、広告主の立場で考えてみましょう。まずASP（アフィリエイト・サービス・プロバイダー）を選定します。

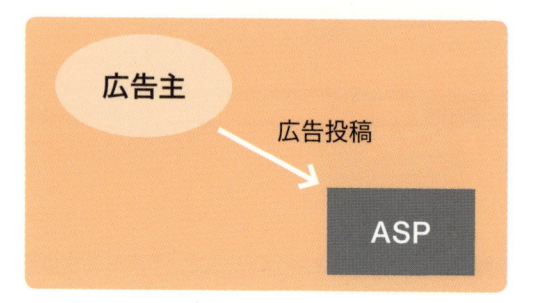

> **! Point!**
> ASP（アフィリエイト・サービス・プロバイダー）とは広告を配信するプロバイダで、広告代理店として、アフィリエイト広告の配信を行っています。代表例としてA8.net、バリューコマースなどがあります。

☑ アフィリエイト④

　広告主は、まずASPに対して、広告の掲載可否を決める審査を行ってもらい、掲載が可能の判断された場合、ASPに広告掲載者として登録されている方（アフィリエイター）が自社のサイトに広告を掲載します。

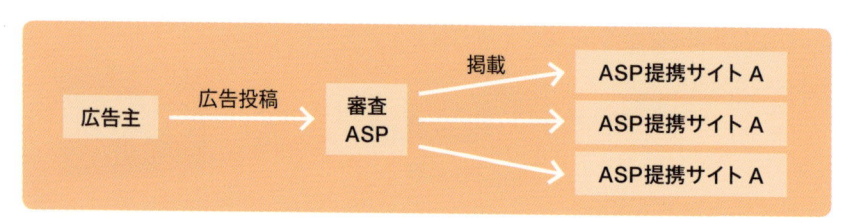

☑ コンテンツ連動型広告の必要性①

　インターネットユーザーが検索を行う時間は、全インターネット利用時間のうち、平均で5％との統計結果があり、検索連動型広告よりもコンテンツ連動型広告の方がはるかに広告表示の機会は多くなります。

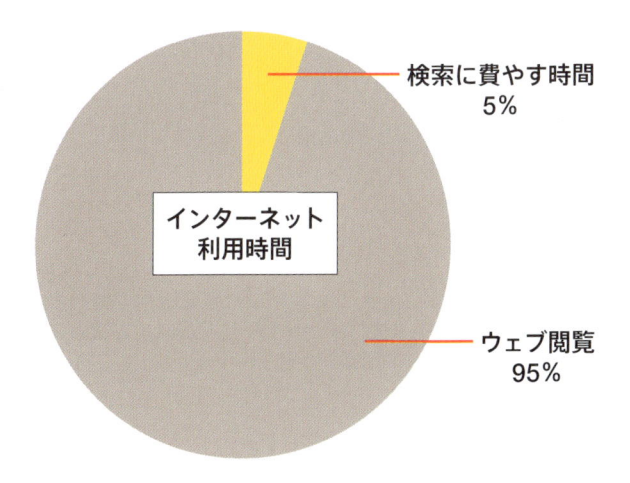

インターネット利用時間

- 検索に費やす時間　5％
- ウェブ閲覧　95％

☑ コンテンツ連動型広告の必要性②

　クリック率で考えると、コンテンツ連動型広告よりも検索連動型広告の方が閲覧者が能動的に情報を求め検索しているので高くなります。それぞれのメリットとデメリットのバランスを考えながら活用しましょう。

	コンテンツ連動型広告	検索連動型広告
メリット	表示回数が多くターゲットが広い	クリック率が高い
デメリット	クリック率が低い	表示回数が少なくターゲットが狭い

PPC／アフィリエイトを知ろう

Chapter 7 ● ウェブマーケティングを知って更に集客

Day 9

マーケティングオートメーションの導入

ここで学ぶこと

最近話題のマーケティングオートメーションは、来店やウェブページへのアクセスなどの顧客接点をスタートとして、商品購入や予約受付などをゴールとしたアプローチのシナリオを自動化することを言います。

1 マーケティングオートメーションとは

ソフト化されたマーケティングオートメーションは非常に複雑でコストもかかります。ウェブマーケティングにあまり親和性の無い中小企業で導入するには難易度が高いかもしれません。まずはその考え方を知って、サイト運用に役立てましょう。

Step 01 ユーザーの「状況」を想定する

サイト公開当初は想定されるユーザーの状況を想定します。例えば会員登録時、購入時、商品到着、商品購入から1ヵ月経過後などのユーザーの「状況」を洗い出してみましょう。

会員登録　お名前　住所　電話
資料請求
購入
受取

Step 02 状況に対する「アクション」を構築する

ユーザーの状況に対して、会員登録のお礼、購入のお礼、商品到着の確認、追加オーダーの促進などをメールでするか、電話でするか、DM発送するかなど、どのように行うかの「アクション」を割り当てていきます。

会員登録 ← メール
資料請求 ← メール
購入後1ヶ月 ← DM

Step 03 「状況」と「アクション」のシナリオを描く

サイト公開当初は想定されるユーザーの「状況」に合わせたフローチャートを描き、それぞれの状況に合わせた「アクション」のシナリオ作りを行います。

> **! Point!**
>
> サイト運営者はほとんどの場合がシナリオのゴールを「注文」や「予約」にしてしまいがちですが、ゴールの設定はユーザーが「注文」や「予約」のリピーターとなり、商品やサービスのファンになるところまで想定してみましょう。購入後の使用感に不満はないかや、役立つ新たな情報を提供するなど、かゆいところに手が届くような、より顧客目線に立ったアクションが想定されることでしょう。

ユーザー状況	Webを見る	→	会員登録	→	資料作成	→	電話問い合わせ	→	購入
自分のアクション	メルマガ会員を促すポップアップ		サンクスメール		サンクスメール、資料発送		サンプル発送		サンクスメール、リピート促進のメール

Step 04 サイト放置は論外

忙しいウェブ担当者はサイト制作がゴールとなってしまいがちです。作成したシナリオは定期的にゴールの到達率を高めるため修正が必要です。当然、サイトの改修やアクションの改善は必須です。「公開してからがスタート」サイト制作の初期段階からこの考え方は持っておきましょう。

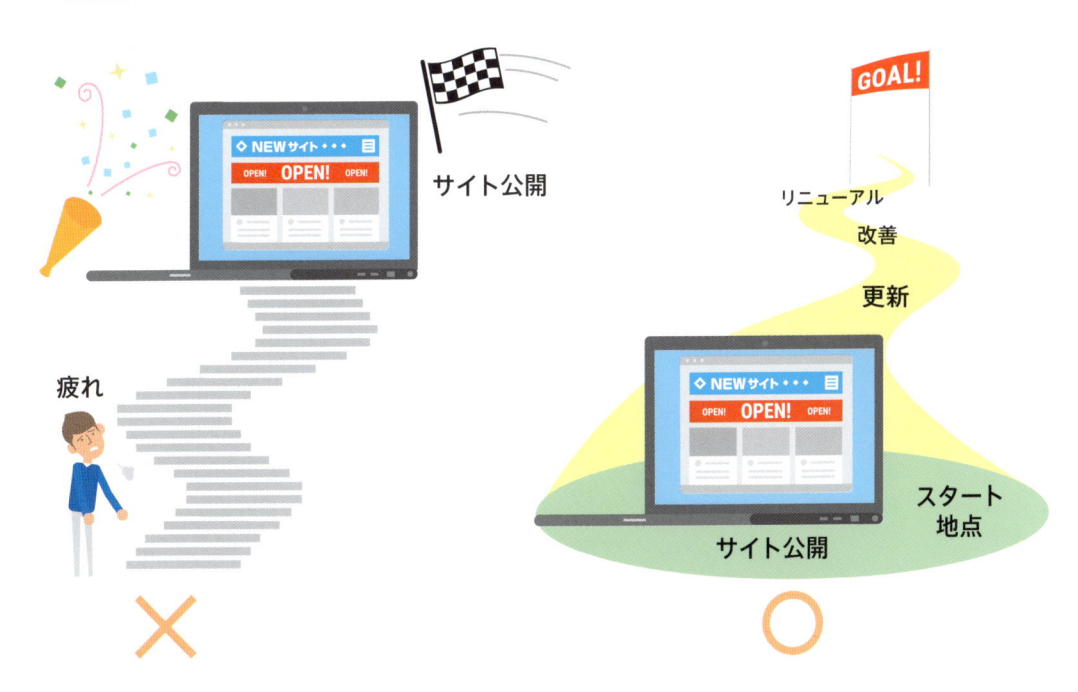

マーケティングオートメーションの導入

Step 05 何を自動化「オートメーション」させるのか？

シナリオ作り、そしてその見直しは今のところ人のちからで行うしかありません。しかしこのシナリオのうち、顧客の状況に対するアクションは自動化することが可能です。様々な状況に合わせて自動でメール送信できるメールマーケティングが初歩的で有効な手段としてあげられます。

- 会員登録サンクスメール
- リピート促進メール
- 問合せお礼メール
- ニュースレター購読勧誘

2 Wixサイトでマーケティングオートメーション

Wixで自動化できるのは「スマートアクション」というシンプルなメールマーケティングです。複雑なフローに基づく高度なオートメーション化は図れませんが、誰でも簡単に導入できます。

Step 01 さまざまな状況で自動返信する「スマートアクション」機能

「スマートアクション」を利用する前提条件としてフォーム関連の各種アプリがサイトに追加された状態から始めます。ダッシュボードの一覧からスマートアクションを選択、「今すぐスタート」をクリックします。すると、アクション一覧が表示されて「作成する」で、それぞれの設定画面へ進みます。

アクションの一覧	
全般	Wixアプリに搭載されているアクション
お問い合わせのお礼メール （お問い合わせフォーム対応） =	商品購入お礼メール （ネットショップ対応）
ニュースレター購読勧誘 （お問い合わせフォーム対応） =	リピーター獲得メール （ネットショップ対応）
サイト会員登録歓迎メール （会員ログイン対応） =	ご意見・ご感想メール （ネットショップ対応）
会員のアクセス勧誘メール （会員ログイン対応） =	新規購入者にクーポン送信 （ネットショップ対応）
添付ファイル送信メール （会員ログイン対応） =	商品購入者にクーポン送信 （ネットショップ対応）
	宿泊予約のお礼メール （Wix Hotels対応）
	宿泊予約お知らせメール （Wix Hotels対応）
	新規購読者の歓迎メール （購読フォーム対応）
	購読者への添付ファイル送信メール （購読フォーム対応）

Step
02 ニュースレターとコンタクトで補完する

　スマートアクションだけでは俗にいうマーケティングオートメーションの機能にはほど遠いものです。しかし、オウンドメディアマーケティングでも紹介した「コンタクト」での顧客の状況をグループ化し、「ニュースレター」の機能で、アクションに応じた柔軟かつ効率的なメールマーケティングが可能です。

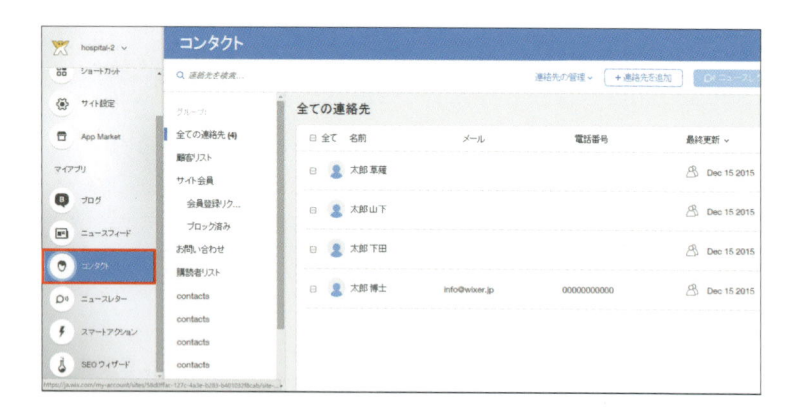

Chapter

8

Wixをもっと活用する

Day 1　Wix公式ブログを活用しよう

Day 2　Wixのビジネス活用

Day 3　Wixでニュースレターを配信する

Day 4　日本でのサポートや活動

Chapter 8 ● Wixをもっと活用する

Day 1

Wix公式ブログを活用しよう

✓ ここで学ぶこと

Wix公式ブログには、ビジネス活用に役立つ情報やレクチャーが公開されています。Wixブログの購読登録（無料）もあり、常に最新の情報を取得したい方には便利です。ウェブ知識の向上に活用しましょう。

✓ Wix公式ブログはビジネス活用術を無料で閲覧することができます。

1 Wix公式ブログを見る

Wix公式ブログはWixの活用方法はもとより、様々なビジネスシーンに活用できる情報を無料で活用できるサイトです。

Step 01 Wix公式ブログのページへ移動

検索サイトで「Wix公式ブログ」を検索。または、Wixホームページのフッターから Wix公式ブログを選択します。

Step 02 キーワード検索も可能

Wix公式ブログは、新しい情報から上に更新されていきます。気になる情報や目的に合った情報はカテゴリ別に分かれています。また、ブログ内でのキーワード検索も可能です。

206

2 | Wix公式ブログとは

Wixブログには制作やWix最新情報の他にビジネスのコツやマーケティングに関しての内容が豊富に配信されています。

☑ Wix公式ブログのカテゴリ

カテゴリー別に区別されている様々なビジネスに役立つ情報を選択します。
- ウェブデザイン
- スモールビジネスのコツ
- マーケティング
- Wix最新情報

ウェブやWixに関する情報や知識取得の他にビジネスの基礎知識習得にも活用できます。

※上記カテゴリは2015年9月時点

3 | Wix公式ブログの活用

Wixをはじめとした役立つビジネスツールの情報配信。またそのツールを扱う人の知識力向上に繋がる情報配信を活用。

☑ 活用のポイント

Wixブログの活用は、Wixでのウェブページを制作するためだけの情報収集ではなく、ビジネスに活用していくための様々な情報を収集することが活用のポイントです。

ツールの活用はもちろんですが、それを扱う人の力の育成にも役立つ情報です。

ウェブは難しいものではなく、知らないだけかもしれないという概念で活用してみましょう。

Wixブログの配信例 ※2015年9月時点抜粋

- 招待客を「あっ」と言わせるような結婚式用ホームページの作り方
- 起業家・経営者が知っておくべき5つのウェブスキル
- フィットネスビジネスをオンラインで宣伝する7つの秘訣
- 理想の仕事を勝ち取るためのメール術
- フリーランスとして成功する10の秘訣
- 売上アップに向けて！ あなたのビジネスを無料でマーケティングする方法23選
- いくつ知ってる？ あまり知られていないGmailの5つの便利な機能
- 経営者を待ち受ける4つの大きな課題と解決策！
- 起業家・経営者が知っておくべき5つのウェブスキル
- アクセス数アップ！ ゼロから読者を増やし、人気ブログをつくるには？
- クラウドファンディング初心者が知っておきたい5つのポイント
- 人間力で勝負！ パーソナルな営業をしよう

ブログ形式での情報配信ですが、過去の記事にも多くのビジネスに役立つ情報が記載されています。

4　Wix公式ブログを購読する

最新情報を見逃さないために、Wixブログの購読登録ができます。役立つ情報をいち早くゲットしましょう。

Step 01　購読を申し込む

Wix公式ブログの右横にある「Wixブログを購読しよう」に新着情報を受け取るメールアドレスを入力して、購読ボタンをクリックします。

Step 02　登録完了

登録画面が出てきたら完了です。
※新着情報が公開された時点でメールに案内が届きます。

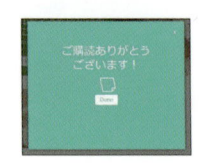

> **Hint!**
>
> **注目コラムをピックアップ！**
>
> Wixブログで配信されているたくさんのコラムから、注目のコラムをピックアップ。その他のビジネスに役立つ情報も活用しましょう。
>
> **素敵な動画をホームページ内で活用する5つの方法**
>
> 最近注目されているマーケティング手法の一つに「動画マーケティング」が挙げられます。あらゆる業種の企業が動画を使ったマーケティングを始めており、アメリカでは成人消費者の73％が商品に関する動画を閲覧したあとのほうが、購買意欲が高まったという結果もでているほど。今回は、かっこいい動画をホームページ内で活用する5つのコツをご紹介します。
>
> ※2015年3月10日配信コラム抜粋

> **Point!**
>
> **Wixブログは、中小企業及びWixを活用してビジネスをはじめたい方に役立つ情報が公開**
>
> - 社員ブログ
> - 商品カタログ
> - 取扱説明書
>
> 配信内容は主に中小企業やフリーランサーの方々に役立つ情報が中心。
> ビジネスでの活用とは、収益に繋げる戦略や人材育成など様々。
> 配信される内容を、どのように解釈し運用していくかが活用のポイント。

☑ Wix公式ブログ活用のポイント

　Wix公式ブログは、最新のWix活用やトレンド情報と、ビジネス等に役立つ過去の記事も抜粋しながら配信されます。
　マーケティングなどの情報は、幾度も読み返すことで知識も身に付きやすくなります。
　タイミングを計りながらルーティンで配信される様々な内容を、知識習得のツールとして活用ください。

　Wix公式ブログ内には、グローバルな役立つ情報やサービスも配信されてきます。
　例えば、デザインを参考にできるサイトやビジネスに役立つサイトなどを紹介してくれます。
　海外、特に英語表記のサイトが大半ですが、Wixブログを通じて世界基準の様々なサービスにも触れてみてください。

　Wix公式ブログは、Wixブログを購読から登録したかたに対して、定期的に配信されるサービスがあります。
　その仕組はWixで作成したホームページ全てに標準で、しかも原則無料で活用できます。
　配信する相手のメールアドレス等を管理するコンタクトツール、ニュースレターの制作ツールなど、制作していくウェブサイトの配信の参考モデルとして活用できます。

※コンタクトツールやニュースレター制作ツールに関してはP.216に記載）

Chapter 8 ● Wixをもっと活用する　　Day 2

Wixの
ビジネス活用

> ✓ **ここで学ぶこと**
>
> Wixの活用はホームページを作るだけではありません。その活用はアイデア次第で無限に広がります。
>
> 誰に何をどのように伝えるかを考える所からWixのビジネス活用は生まれます。

✓ 目的を絞っての活用がビジネスを効果的且つ効率的に進める

　Wixにより誰もが簡単にウェブページを作ることができます。
　その利点は、これまでの「ウェブページ＝ホームページ」といった概念を大きく変えることも可能となりました。ウェブはインターネットを通じて人から人に情報を届けるための手段です。誰に何をどのように伝えたいのかの目的を具体化し、その目的にあったウェブページを制作する。それがWixだからこそできるビジネス活用です。

ウェブページの活用

ウェブページを制作をするところから、相手に届けるところまでのプロセスをイメージすることが大切です。従来のホームページ制作だけではなく、イベントなどの案内状や特定の相手にだけ見せたい企画提案書などもWixを活用することで、届ける所まで一元化することも可能です。相手や目的に合わせていくつものウェブページを活用することで効果的なビジネス戦略を行うことができます。

相手や目的に合わせたウェブページ

デザイン性やスマートフォンでも見やすいウェブページの制作は従来プロに依頼していたことも多く、もちろん費用もかかります。ゆえに、大手企業が行っている戦略的ウェブページの制作も中小企業にとって敷居の高いものでした。Wixではそれら戦略的ウェブページも自社内で制作していくことが可能になるのです。
そしてターゲットに届けるまでのシステムも装備しています。顧客データを分析し、目的やターゲットにあったウェブページの制作を行うことが大切です。

Wixで制作するウェブページ
例…新商品の展示会の案内を顧客に伝えたい

▼

誰に見てもらいたいのか
例…新しい商品に興味の高い顧客に伝えたい

▼

何を見てもらいたいのか
例…展示会示会の日程と目的を知ってもらいたい

▼

そして、どのように見てもらうのか

1 目的を具体化しよう

ウェブページを届けたい相手の状況は違い、目的にも違いがあります。届けたい相手を分析し、目的に合ったウェブページを具体化しましょう。

☑ 階層を分けて具体化

商品購買を企業戦略とした場合を例として具体化していきます。

- 第1段階 → 興味を抱かせる
- 第2段階 → 購入意欲を高める
- 第3段階 → 購買の仕組みを作る
- 第4段階 → 顧客のシェアの活用

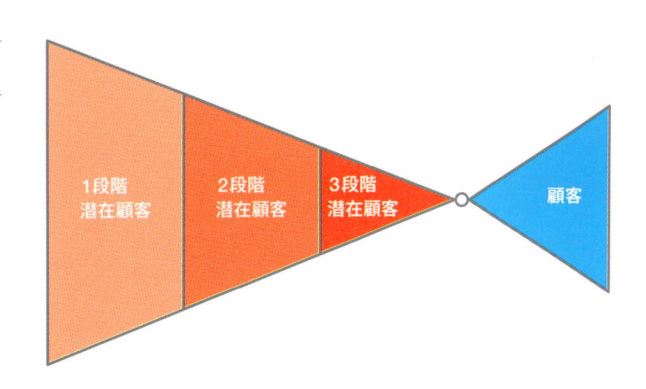

	第1段階	第2段階	第3段階	第4段階
ターゲットの心理	興味がない	興味がある	欲しがる	伝えたい
ターゲットの状況	潜在ユーザー／多い	絞られたターゲット	貴重	クライアントパートナー
戦略概念	ファンを増やす情報	欲求を高める情報	商品の詳細情報	活用事例・方法
戦略ツール	ニュースレター（メール）	戦略専用ウェブページ	ウェブ企画・提案書	ブログ・SNS連動
Wixの活用	無料（一部有料）	無料（一部有料）	無料（一部有料）	無料（一部有料）

　会社や商品に対してホームページがひとつだけでよいという固定概念ではなく、伝えたいターゲット層を絞ってのウェブ戦略がポイントです。

　そもそもホームページとは、ウェブページのトップページという意味。ホームページとしての考え方ではなく、様々なウェブページやツールの活用から、届けたい相手に情報を届ける仕組みが大切です。

　Wixには、そんな様々な戦略に対するツールが整っています。

Wixを活用しての戦略事例

例えば、ビジネスチェアを例にした場合、まずその潜在ユーザーに興味を抱かせる案内が必要になります。興味はその時点では椅子ではないので姿勢や疲れなどをテーマに顧客やイベント等で知り合った潜在ユーザーにニュースレター（メール）を配信します。
次に姿勢や疲れなどに興味を示した絞られたターゲットに、役立つビジネスチェアの案内をさりげなく盛り込んだ戦略専用ウェブページで、ターゲットの購買意欲を高めていきます。
最後に購買目前のターゲットが知りたい具体的な商品情報（機能性・価格・耐久性など）をウェブ企画書や提案書でプッシュするのです。
もちろんネットショップなどの戦略も状況により必要です。
そして購入者の、活用事例などを第2・第3段階に引き戻しスパイラルさせることで、ウェブ戦略は効率化していきます。
ターゲットを次の段階に誘導していくには、様々な目的に合ったウェブページをリンクでつなぎ合わせるだけなのです。

Wixのビジネス活用　211

2 | さまざまな Wix の活用

Wix はアイデア次第でさまざまなビジネスツールとして活用できます。その活用の一例を紹介します。

☑ ウェブページとしての運用

- 企業（店舗）ホームページ
- 商品案内などのホームページ
- ブログ等でのタイムリーな情報配信ページ
- 各SNSを纏たウェブページ
- 社員ブログ
- 商品カタログ
- 取扱説明書

アイデア次第でさまざまな活用が可能です。

! Point!

**ウェブ間はリンクでつながります。
ウェブ上の情報をどのように
つなげるかがポイント。**

ホームページを中心としたウェブ戦略において目的に応じたウェブページを関連付けしていくことが大切です。

ひとつのウェブページに全ての目的を詰め込む傾向のあるホームページを目的別にいくつかのウェブページに作り替え、関連付けするだけで、効果は上がります。

いくつものウェブページが制作でき、目的別に用意されたWixのテンプレートを活用するだけで、伝えたい相手に対してのウェブ戦略が可能になります。

メインウェブページ

イベントウェブページ等　　戦略ウェブページ等

パンフレットウェブページ等　　SNS ウェブページ等

☑ 企画提案書としての活用

通常、WordやPowerPointなどで制作する機会の多い企画書や提案書も、Wixで制作することができます。

日本ではまだまだ浸透していませんがウェブの有効的なビジネス活用方法のひとつです。

Wixでの企画書・提案書の制作は美しさや制作時間の効率化だけでなく、相手の立場に合わせた提案を可能にするツールとなります。

提案先の状況や営業環境に応じ、印刷物の企画提案書をウェブ化

⚠ Point!

従来のWordやPowerPointで制作した提案書と併用
相手の状況や環境に合わせての使い分け

相手の状況や環境により、提案する内容や届け方は変わってきます。
すでに手元にある紙ベースの提案書をアレンジするだけで、Wixなら短時間でウェブ提案書を制作できます。

【活用例】
① 手元にある提案書を項目別に分類
② Wixの白紙テンプレートに項目別のメニューを追加
③ 文字データや画像をコピーペースト。
④ 営業シーンや相手の閲覧環境をイメージしながらカスタマイズ。

※重要画面等はパスワードで保護をかけましょう。
※紙ベースの提案書へQRコードを掲載しておくと連動させて活用できます。

項目分類…目的・商品・サービス・コンタクト等

↓

白紙テンプレートを使用
(項目分類に応じたページ追加)

↓

コピー&ペースト&編集

Wixのビジネス活用

☑ 教育ツールとしての活用

Wixは、企画力やデザイン力はもちろん、社内での教育ツールとしての活用もできます。

- デザインなどを考えることで感性の教育
- ページ展開を考えることで企画力の教育
- ウェブ制作でのIT知識の教育
- SNSとの連動でコミュニティ的な教育
- 戦略ページの制作で運営的な教育
- e-ラーニングシステムの構築

など、手元のパソコンでアイデア次第でコストをかけずに、社内の教育ツールとしても活用できます。

- 手元のパソコンとメールアドレスの登録だけで行えることもあり、コストをかけずに直ぐに始められる。
- 直観的なデザイン描画が可能なWixだからこそ感性などのスキルUPには最適。
- 豊富なフリー素材を活用して、時間の効率化。

!Point!

Wixは間違いなく便利なツール。
ただ、ツールを使いこなすのは「人」

　ホームページや企画書の制作においてWixは便利なツールです。

　ただ、文字を書いたり、目的に近づけたりを考えるのはあくまでも人です。

　社内教育ツールとしてのWixの活用は、単に制作を行うだけではなく、社員全員のスキルアップに繋げることができます。

　Wixを使用しての、簡単な社内e-ラーニングの活用例を紹介します。

社内・部署でのe-ラーニング活用

❶ e-ラーニング用に、新たにWixのアカウントを取得
❷ 社員ひとり一人に、テーマを与える
　例） 商品知識
　　　競合他社の情報
　　　ビジネスマナー　など
❸ 管理者用のベースサイトを制作
❹ 社員ひとり一人が、同じアカウント内でテーマ別のサイトを制作。ブログ機能などを有効に活用
❺ ベースサイトにリンクなどでまとめる
❻ 社員全員が関わり、各々のテーマを共有

- 社員全員が覚えるだけではなく、教えるという立場で関われる。
- 同じアカウントで行えるので、周辺の進捗を共有できる。
- e-ラーニング制作という目的を通じ、企画力などのスキルも付く。

☑ オンライン履歴書として活用

　日本では通常書面で提出される履歴書ですが、これをオンラインで作成して就職や転職で活用してみませんか。Wixで履歴書を作成して提出すれば、ホームページ制作のスキルの証明としてだけでなくパーソナルブランディングとして存在をPRすることができます。

! Point!

アクセス制限をかけて見せたい人だけに見せる

　書面で提出する履歴書へオンライン履歴書のURLを記載したり、QRコードを貼り付けておきます。また、インターネットに個人の情報を載せるため電話番号や住所、メールアドレスなどの記載は掲載しないなど十分に注意が必要です。アクセス制限をかけて、書面へはパスワードを記載するようにします。

※オンライン履歴書への個人情報の掲載は自己責任で行ってください。

Wixのビジネス活用　215

Chapter 8 ● Wixをもっと活用する

Day 3

Wixで
ニュースレターを
配信する

✓ ここで学ぶこと

ウェブ戦略を行う中で重要視されるメール配信の活用。
Wixにはニュースレターの作成から配信先の管理及び解析ツールが整っています。

ニュースレター配信には、「ShoutOut」のアプリケーションを使用します。
ShoutOutはWixで制作したウェブページに関連付けし、1か月3配信までは無料でニュースレターを配信することができます。

※1か月3配信以上行う場合はShoutOutプレミアムプランが必要となります。

ShoutOutを利用の際はまず、サイトを管理ボタンからサイトのダッシュボードを開きます。

1 | コンタクトに配信先の情報を入力する

ニュースレターを配信するには、まず配信先の情報を入力します。

Step 01 コンタクト画面へ移動

ダッシュボードからコンタクトを選択します。

クリック

! Point!

1サイトにひとつのダッシュボード

ダッシュボードはWixで制作したウェブページそれぞれに対し一つずつあります。

Step 02 配信先の情報を入力

連絡先を追加から配信情報を入力します。GmailやOutlookのCSVファイルでの一括してのインポートも可能です。入力した顧客情報は、すべての連絡先のフォルダーに保存されます。

※コンタクトツールは、ニュースレターの購読者管理やネットショップの顧客管理、お問い合わせ管理などにも活用できるツールです。

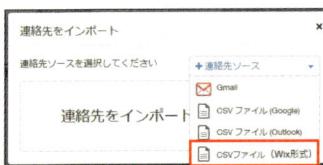

CSVファイルでのインポートは既定のファイルのみ対応します。インポートができない場合はWix形式のCSVをダウンロードしてから、インポートする方法もあります。

2 ニュースレターを作成する

ニュースレターの作成もホームページを作るときと同じように、テンプレートを選択し簡単に始めることができます。

Step 01 テンプレートを選択

ダッシュボードからニュースレターを選択します。好みのテンプレートまたは、白紙テンプレートを選択します。

あらかじめ、項目別に分類されたテンプレートが用意されています。

- ・セール情報　・ニュースレター
- ・イベント情報　・新着商品
- ・ブログ記事　・ビジネスを宣伝　等

> **! Point!**
> **それぞれのサイトごとにニュースレター機能**
> ニュースレターは、それぞれのサイトごとに作成することができます。

Wixでニュースレターを配信する　217

Step
02 コンテンツの追加・編集

　テンプレートを選択したら、テキストや画像を編集していきます。

　追加したい情報を入力し、ニュースレターを作成していきます。プレビュー画面で、ニュースレターのイメージを確認できます。

クリック

クリックして追加

> **! Point!**
>
> **テスト送信での確認は重要**
>
> 　テスト送信で配信イメージを確認できます。
> - 送信元のメールアドレス
> - 送信者名
> - 件名
>
> を編集して、テストメールを確認できるメールアドレスを送信先に入力し、送信します。
>
> 　本番での配信前にテスト送信で、実際に配信されるイメージを確認しておくことは、送信後のトラブルを防ぐために重要です。

Step
03 配信先を選択

　コンタクトに登録されている、配信先が表示されるので、配信先を選択します。
　コンタクトに配信先が登録されていない場合や新たに配信先を登録することもできます。
　ニュースレターが完成したら次へをクリックします。

❶配信先を選択
❷クリック

! Point!

**事前の配信先管理で、
作業効率や効果が上がる。**

配信先を分類しておくことで、効率よくまた効果的にニュースレターの配信が行えます。

Step
04 配信前の確認

　送信者名、送信元のメールアドレス、件名を再度確認し、送信をクリックします。
　これでニュースレターは、選択した配信者へメールで送信されます。

❶確認
❷クリック

! Point!

**ニュースレターは
ウェブ上でも公開される**

　ニュースレターの内容は、メール配信と同時にブラウザー（ウェブ）でも公開されます。SNSでシェアすることもできます。

Wixでニュースレターを配信する　219

Step 05 受信側での表示

送信先には、HTMLメールでニュースレターが送信されます。
※受信メールを開くとデザインしたニュースレターが、表示されます。

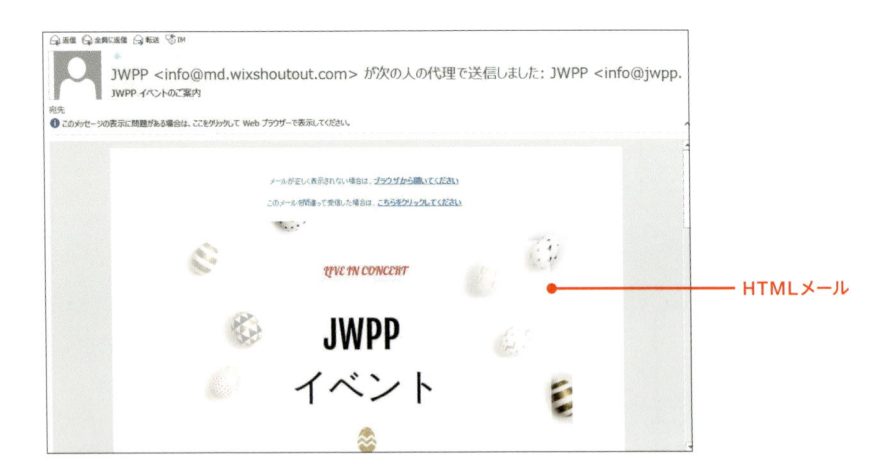

HTMLメール

! Point!

HTMLメールとテキストメールの違い
HTMLメールが表示されない理由

　Wix（ShoutOut）はHTMLメールでニュースレターを配信します。
　そのため配信先のメールソフトの設定や環境で、画像のダウンロードを行わなければ、ニュースレターを表示しない場合があります。
　HTMLメールは従来のテキストメールとは違い、ビジュアル的に伝わりやすい表示だけでなく、配信先の閲覧状況やイベント参加者の管理なども行える便利さもありますが、受信者は安心できる相手のメール以外は閲覧していただけない可能性もあります。
　事前に送信先には、ニュースレターの配信の案内や了承をいただくことも、効果的な運用には大切です。

送信先メールソフトの設定で、画像をダウンロードを行わなければニュースレターが表示されない場合があります。

メール配信レポート

配信レポートで、閲覧レポートや開封状況、イベント参加者などの管理も行えます。

3 ホームページ内に購読フォームを設置する

ホームページ内に購読フォームを設置すれば、ニュースレターを受信するユーザーを、増やせます。

Step 01 購読フォームの設置

ホームページ内に、購読者フォームを設置します。編集画面の「追加（＋）」メニューから、「コンタクト」を選択して、購読者フォームを設定したい画面に配置します。

設定画面で、氏名や電話番号などの入力項目の設定やデザインなどの変更、歓迎メールの設定などを行います。

Step 02 購読者リスト

購読者登録をいただいた方の、メールアドレスは、サイトのダッシュボード、コンタクト内の購読者リストに、管理されていきます。

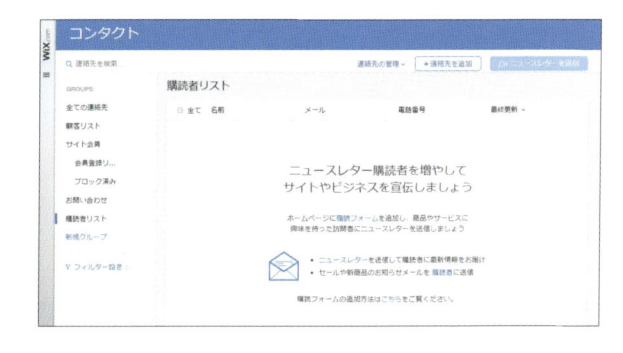

> **!Point!**
>
> **登録されている購読者リストにニュースレターの配信**
>
> 購読フォームのタイトルは用途に合わせて変更できます。目的に合わせて、ニュースレターの配信が可能です。
>
> **タイトル例**
> - 定期イベントの情報をGETする
> - 新商品情報をGETする
> - プレゼント情報をGETする　など

Wixでニュースレターを配信する　221

4 便利なコンタクトアプリ

Wixには、コンタクトツールと連動した様々なアプリがあります。用途に合わせて、使い分けると効率的な顧客管理が行えます。

Step 01 フォームと顧客管理が連動

Wixには、顧客管理にも活用できる様々なアプリも用意されています。「アプリ」メニューからフォームを選択し、用途に合ったアプリを選択します。

> **Point!**
>
> **便利なコンタクトアプリ例**
>
> 便利なコンタクトアプリから、「Form Creator（フォームクリエイター）」をご紹介します。
>
> Form Creatorは、名前や住所など入力設定の他に、ラジオボタン等を設定することのできるアプリです。
>
> 日本語翻訳が行われていないアプリですが、簡単な翻訳で活用できます。
>
> ※英語バージョンのアプリがほとんどですが、簡単な翻訳で便利なアプリも活用できます。データーは、ダッシュボードのコンタクトで管理できます。
>
> **フォームクリエイター**

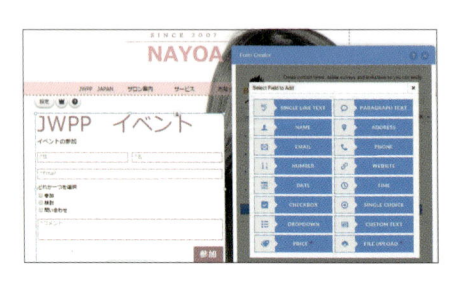

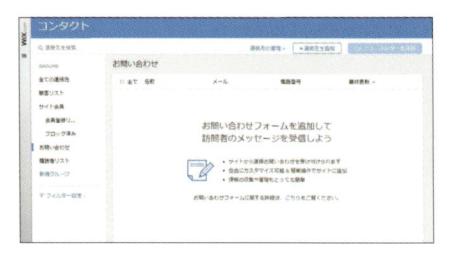

Column

ニュースレター配信など、メール戦略における心構えと注意事項

　ホームページ制作から公開を誰もが簡単にできるWix。それと同様に、お客様のメールアドレスの管理やニュースレター等の配信も簡単に行えます。

　ただ、簡単に行えるメール戦略ゆえに、配信者のモラルや管理体制が必要になります。

　「Wix ShoutOut-利用規約」を遵守し、活用してください。

心構え・注意点

- 相手は、目的をもってメールアドレスなどの情報を提供してくれます。ニュースレターや情報配信を目的にした場合、思い付きではなく、計画性をもって購読者フォームなどの公開を行いましょう。
- お預かりするメールアドレスは、個人情報に該当します。個人情報の管理体制を整えてから、ビジネス活用を行いましょう。
- 利用規約にも記載されていますが、Wixでのニュースレター等の配信は、あくまで購読に対しての了承をいただいた方への配信を対象にしています。メールリストを購入して、無差別に配信する行為等はスパムメール等の対象にもなりますので、行わないようにしましょう。
- 顧客情報などをダッシュボードに蓄積していく場合は、Wixのアカウントの管理も徹底し、社外対策だけではなく社内でのセキュリティ対策にも心がけましょう。
- 一斉に多くの方々に情報を配信される事を認識し、配信時は、慎重に責任をもって配信を行いましょう。
- 社会的倫理に反した内容や、誹謗中傷を目的にした配信は法律的にも罰せられる可能性があります。秩序をもって運用しましょう。

正しい活用で、Wixの便利な配信機能を活用しましょう！

Chapter 8 ● Wixをもっと活用する

Day 4

日本での
サポートや活動

✓ ここで学ぶこと

Wixのビジネス活用において、日本でのサポートや活動を行っている、団体等を紹介します。ビジネスでの活用において、知識の習得やネットワークの構築における、時間効率や正しい運用に活用しましょう。

　Wixは世界190か国以上で活用されている、世界最大のホームページ制作CMSです。世界では各地にWixの支社も展開されている中、日本及びアジアでのWixの支社は設立されていません。サイト内のヘルプサービス等での対応はありますが、やはり身近なサポートが必要です。
　そのような中で、日本国内にもWixを活用されていく企業様の支援を行っている、会社や団体がたくさんあります。ビジネス活用の目的や、各企業の環境含め活用されてはいかがでしょうか。

ビジネス活用において、必要とされるサポート

　Wixブログやサポートでも、様々なビジネスサポートが公開されていますが、日本国内において身近なサポートも必要です。
　ビジネス活用において、使い方のサポート、時間的制限があるとき、デザイン性を求めるときに制作支援を行っている会社や団体も日本国内にはたくさんあります。
　また、マーケティング戦略や独立支援などのサポートを行っている会社や団体もあります。

- 使い方などでのサポート
- 制作支援
- 使い方や活用に関するスクール
- 活用を目的としたセミナー
- 情報提供
- コミュニケーション環境
- ビジネスサポート

1 一般社団法人 日本Wix振興プロジェクト

日本及びアジアへのWixの普及を目的に、企業におけるビジネス活用のサポートやフリーランスの方々への支援を行っています。

☑ 団体について

　一般社団法人日本Wix振興プロジェクト（以下JWPP）では、Wix本社および日本国内初の販売パートナーでもあるソフトバンクC＆S株式会社とも連携しWixの普及とビジネスでの運用や教育支援等を展開。

　日本全国のWixにかかわるプロフェショナルも在籍し、国内最大のWix支援団体です。

☑ 活動とサポート内容

　JWPPでは、主に下記活動やサポートを行っております。

【活動】
- 全国各地での講演及び講義
- 技術サポート機関（企業）との連携
- 各種ボランティア活動
- ビジネス運用における各種サポート
- 教育制度およびサービス

【サポートコンテンツ】
- JWPP会員制度

ビジネスでの運用やWixにかかわる様々な企業や団体、及び個人フリーランサー等との繋がりをサポート。
また、Wixに関する最新の情報やビジネスに役立つ情報を定期的に配信します。

- 資格制度、検定試験

Wixの制作スキルを証明する資格制度及び資格取得における、検定試験の実施。

区分	詳細	年会費
正会員	Wix.comに関連する事業者（企業、団体、個人事業主）の方に、ご参加いただけます。会員同士の交流、情報共有、新たなビジネスチャンスの場をご提供します。	個人 20,000円 法人 30,000円
賛助会員	本会の目的に賛同し、その事業に協力していただける企業・団体にご参加いただけます	一口 10,000円
試験会場会員	JWPPが実施する認定試験の認定会場となっている企業・団体にご参加いただけます	30,000円

※入会金
正会員10,000円／一般賛助会員30,000円／試験場会員30,000円

| 2 | マーケティングバンク | 日本国内初のWixの販売サポーターでもある、ソフトバンクC＆S株式会社が配信するマーケティングサポートサービス。 |

☑ Wix関連の企業・団体

　マーケティングバンクのサイトでは、全国のWixの製作やサポートを行っている企業や団体を検索することができます。
　またWixの活用にも便利な様々なクラウドサービスなどの商品も紹介されています。

| 3 | Wix PRO | Wixが公認するWixのプロデザイナー Wix PRO。Wixアリーナから制作などの相談を行うことができます。 |

☑ Wixアリーナ

　Wixホームページのフッターから、Wixアリーナを選択。
　言語を日本語に、エリアをJapanで選択すると、日本国内で活躍している、Wix公認のプロデザイナーを確認できます。
　また、Wixアリーナから適したWix PROに制作の見積もりや依頼なども行うことができきます。

Appendix

Wixを
より深く学ぶ

✓ ここで学ぶこと

書籍やサイトだけでなく講師指導のもとWixを学びたい、Wixでビジネスを行いたいなど、より深い内容を学びたい場合のおすすめをご紹介します。

1 Wixを学ぶなら ジリキウェブスクール

Wixを学ぶならオンラインでいつでもどこでも学べるジリキウェブスクールがおすすめです。公認トレーナーの授業でスキルアップできます。

✓ 世界でたった10名のWix.com公認トレーナーが教えてくれる

世界でも10名足らずしかいない、WCT（Wix Certified Trainer）を取得したWix.comの公認トレーナーが初心者向けのWixの操作から、デザイナー向け、指導者向けの講座を実施しています。
http://www.jirikiwebschool.com

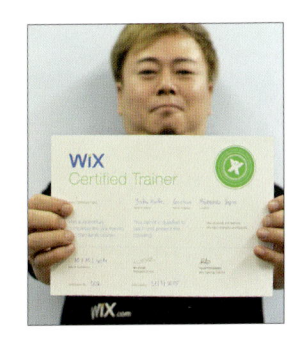

✓ オンラインでいつでもどこでも学べる

ジリキウェブスクールはYouTubeで学べるオンラインスクールなので、インターネット環境があればいつでもどこでも学ぶことができます。YouTubeが視聴可能なパソコンでタブレットで受講できます。

☑ 全国でJWS受講生が活躍！in 北海道

　北海道を中心にWixを教える講師として活躍中の藤井 公志さんはジリキウェブスクールでWixを学びました。藤井さんの作るアットホームなウェブページは大人から子供まで幅広い支持を受けています。

☑ 全国でJWS受講生が活躍！in 長野

　長野でオーベルジュを経営する石井 秀樹さんはWixに新たな可能性を感じ、Wixによる自社のウェブ制作だけでなく、ウェブマーケティングを教える日導塾を通じて後輩の育成にも尽力されています。現在はJWPP名古屋・長野支部長として活躍されています。

☑ 全国でJWS受講生が活躍！in 東京

　秀島 祐治さんは大手企業の広告デザインを行うプロのグラフィックデザイナーとして活躍する中で、Wixを使ったウェブデザインに未来を見出しました。彼の作成するウェブサイトはグラフィックデザインの経験が活かされ、どれも素晴らしい仕上がりです。

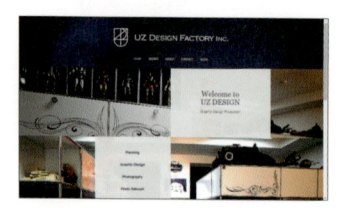

☑ 全国でJWS受講生が活躍！in 大阪

　日向 凛さんは大阪を中心に活躍中のホームページ改善アドバイザー。日向さんが執筆された、秀和システム発行「はじめてのホームページデビュー（改訂版）」ではジリキウェブスクールで学んだWixの魅力を存分に伝えています。

☑ 全国でJWS受講生が活躍！in 熊本

　熊本で女性の自立と起業支援活動を行っている西田 ミワさんはWixでさらに多くの女性の起業を支援できると感じジリキウェブスクールに参加。人と知の集う場として門戸を広げ、Wixカフェを運営しています。

☑ 全国でJWS受講生が活躍！in 沖縄

　宮古島でウェブ講師をしている下地 史子さんは職業訓練受講者に「Wixを伝えたい！」という想いでジリキウェブスクールを受講。念願だった宮古島で働きたい方に向けたWix講座を開始。夢はご主人の経営される映画館でWixセミナーを行うこと。

2 CMS検定 Wix スペシャリストで Wix の資格を取得する

2016年4月から新たに一般社団法人日本WIX振興プロジェクトが主催するWixユーザーのための資格制度が開始します。http://www.kentei.wixer.jp

☑ ウェブ制作の実力を証明する資格制度

CMS（コンテンツマネージメントシステム）の代表格であるWixは、誰でも簡単にウェブデザインができるツールとして世界中で利用されています。そのスキルの証明として、CMS検定Wixスペシャリストは国内向けに体系化した資格制度として新たに新設されました。

☑ 受験者にとって大きな武器となるスキル

例えば「私、Wixで簡単にホームページが作れます！」って言えたら就職や転職時に強力な後押しになるはずです。履歴書の資格欄に記載されたWixスペシャリストの資格と、Wixで制作したサイトのQRコードを表示しておけば面接官へのアピール効果が期待できます。

☑ ウェブ制作者ではない人にも必要な資格

CMS検定Wixスペシャリストはウェブ制作に関わる方の資格というだけでなく、全ての中小企業にとって必要なウェブマーケティングの一つとして、将来的にはワードやエクセルの様に一般的なものになっていきます。今後、営業・企画系、サービス販売系、事務系では必須のスキルとなるはずです。

Wixをより深く学ぶ　229

Index

【数字・アルファベット】

123 Form Bilder	068
Add to site	112
Amazon	128
App Market	048
BASE	124
Bigstock写真素材	045
ECサイト	112
Facebook	104,156
FormCreator	222
gif	074,093
Google AdWords	146,195
Google Analytics	091,164,170
Google Apps	086,090
Google+	160
Googleアカウント	170
Googleカレンダー	065
HTML 5	007
Instagram	064,158
jpeg	074,092
OS	026
PayPal	119,131,137
Pinterest	159
png	074,092
PPC	194
Rollover	076
RotaryView	076
Search Console	171
Select Languages	061
SEM	178
SEO	099,102,148,178,186
SEOウィザード	049,190
SNS	103,104,149,154,156
Social Media Stream	107
stripeアカウント	117
Timeline	066
Twitter	105,157
Vimeo	110
WEBPAGETEST	096
Wix App Market	41,060
Wix Booking	130
Wix FAQ	067
Wix Get Subscribers	153
Wix Hotels	140
Wix Menus	134
Wix Music	136
Wix Pro	226
Wix Restaurants	134
Wix ShoutOut	147
Wix.com	006
WixStores	112
Wix公式ブログ	206
Wixストア	112
Wixフリー素材	045
Wixマルチリンガル	061
YouTube	108

【あ行】

アーンドメディア	150
アカウント	030
アクセス解析	162,164
アップグレードメニュー	039
アップロードメニュー	042
アドネットワーク広告	149
アフィリエイト	149,194
アレンジ	043
位置	043
移動	043
インターネット回線	027
ウェブサイトの保有率	011
ウェブマーケティング	012
エディタ画面の切り替え	040,050
オウンドメディアマーケティング	150
音楽販売	136

【か行】

回転	043
カスタムメールアドレス	086
画像サイズ	075,093
画像の変更	045
画像の編集	075
ギャラリーの追加	077
クラウド型CMS	007
グループ選択	054
決済方法	117
公開	040
購読フォーム	221

コピー 043
コンタクト 049
コンバージョン 168,185

【さ行】

サイズ変更 043
サイト更新 098
サイト設定 048
サイトに追加 060
サイトの管理 047
サイト編集 031
サイトメニュー 038
削除 043
サマリー 091
宿泊予約 140
ショートカット 048
ショップ 112
スタイルの保存 073
スマートアクション 049
全ページに表示 043
ソーシャル 045

【た行】

タグ 152
ダッシュボード 033,048
追加メニュー 041
ツールバー 043
ツールメニュー 039
テーブルマスター 063
テキストの変更 044
デザインの変更 046
テンプレート 031,036
動画 056,108
ドメイン 082,088
トラッキングID 175
ドラッグハンドル 054

【な行】

ニュースフィード 048,101
ニュースレター 049,138,153,204,216

【は行】

配置 043
非表示パーツ 051,053
表示速度 091
複数のサイト 047
複製 043
ブラウザ 028
フリーミアム 007
プレビュー 040,099
プレミアムプラン 078
ブログ 100,152
ペイドメディア 150
ページ背景メニュー 041
ページメニュー 038
ペースト 043
ヘルプメニュー 039
編集 038
保存 037,040
翻訳 062

【ま行】

マーケティング 146
マーケティングオートメーション 200
マイイメージ 045
マイサイト 032,047
無制限プラン 079,096
メニュー作成 134
元に戻す 039
モバイルアクションバー 052
モバイルエディター 050
モバイル端末 028
モバイル背景 050
モバイルフレンドリー 051,183
モバイルレイアウト 054

【や・ら行】

やり直す 039
予約 130
リスティング広告 148,179
レンタルサーバー 088,090

231

●執筆協力
　矢野　裕史
　安田　博昭
　杉川　雅彦
　増田　一哉
　柳澤　輝
　山田　元
　芝　誠司
　岡本　理道

●監修
　神戸　洋平

Wixで無料&簡単に作る
集客できるデザインホームページ

2016年 3月 18日　初版第1刷発行

著者　　　一般社団法人 日本WIX振興プロジェクト

発行者　　滝口直樹
発行所　　株式会社 マイナビ出版
　　　　　〒101-0003　東京都千代田区一ツ橋2-6-3　一ツ橋ビル 2F
　　　　　TEL：0480-38-6872(注文専用ダイヤル)
　　　　　TEL：03-3556-2731(販売)
　　　　　TEL：03-3556-2736(編集)
　　　　　E-Mail：pc-books@mynavi.jp
　　　　　URL：http://book.mynavi.jp
印刷・製本　株式会社 大丸グラフィックス
装丁デザイン　霜崎綾子
DTP　　　富宗治

©2016 Japan WIX Promotion Project , Printed in Japan.
ISBN 978-4-8399-5692-9

- 定価はカバーに記載してあります。
- 乱丁・落丁についてのお問い合わせは，TEL：0480-38-6872(注文専用ダイヤル)，
  電子メール：sas@mynavi.jpまでお願いいたします。
- 本書は著作権法上の保護を受けています。本書の一部あるいは全部について，
  著者，発行者の許諾を得ずに，無断で複写，複製することは禁じられています。
- 電話によるご質問，および本書に記載されている内容以外のご質問，本書の実習以外の
  お客様個人の作業についてのご質問には，一切お答えできません。あらかじめご了承ください。